弗拉基米尔·伊戈列维奇·阿诺尔德
1937 年 6 月 12 日–2010 年 6 月 3 日

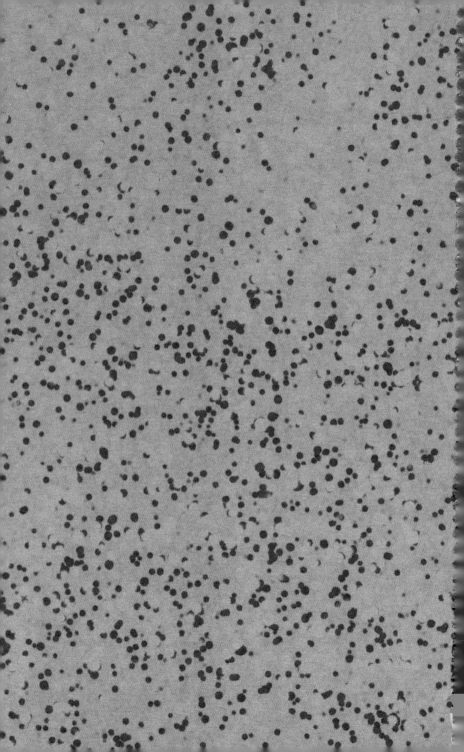

自然@数学

俄罗斯科普作品选译

V. I. Arnold 著

李俊峰 武迪 闫俪然 李舒航 译

高等教育出版社·北京

Mathematical Understanding of Nature:
Essays on Amazing Physical Phenomena and Their Understanding by Mathematicians

中文译者前言

译者多年学习和研究力学, 自然喜欢阅读数学和物理的科普著作, 特别欣赏用严谨数学表达物理问题、有物理意义的数学推演. 这本书就属于这类精品, 让人爱不释手, 就想一口气读完. 书中讲述的问题, 大都来自对自然和生活中常见现象或细节的观察, 既是数学问题, 又是物理问题, 也是力学问题. 高中生、大学生、研究生、大学教授都可以从书中得到启发. 译者希望翻译成中文出版后, 有更多读者与我们一起分享阅读与思考的快乐.

李俊峰翻译了第三十四至三十九章并负责审校全书, 武迪翻译了第一至四章、十一至十二章、十九至二十章、二十二章、二十五至二十七章、三十一章, 闫翛然翻译了第十三至十八章、二十一章、二十三至二十四章、二十八至三十章, 李舒航翻译了第五至十章、三十二至三十三章.

译　　者

2021 年 1 月于清华园

1 英文译者注: http://kvant.mccme.ru/1990/07/intervyu_s
  _viarnoldom.htm, 俄文.
2 中文译者注: 20 世纪 30 年代, 苏联完全否定基因理论, 认为遗传
  学是 "资产阶级伪科学", 苏联的一些遗传学家被开除、流放、逮捕,
  甚至被判死刑.
3 英文译者注: http://oso.rcsz.ru/inf/pp/177, 俄文.

英文译者前言

早在十一岁的时候, 本书的作者阿诺尔德参加了由苏联杰出的数学家、计算机科学家李雅普诺夫创办的"儿童学会" (或者称为"儿童科学社团", 对应的三个俄文单词的首字母缩略为 ДНО, 也可以理解为"志愿者协会"的首字母缩写). 在一次网络采访中[1], 阿诺尔德回忆说, 儿童学会的课程包含数学、物理、化学和生物, 还包含刚刚被禁止的遗传学[2] (我的一位同班同学, 他父亲是我们国家最优秀的遗传学家之一, 但他却在调查材料中写道: "我母亲是全职妈妈, 我父亲是全职爸爸").

李雅普诺夫的女儿回忆说[3]: "我们的主题包括太阳系的结构、彗星、分子间的力 …… 最难忘的主题是'波'. 我们有一个可延展的、巨大的长桌. 桌子被展开, 一个装满水的玻璃缸放在桌子的空当中, 在水缸下面放一台幻灯片放映机. 在那个年代那样的放映机很少见, 不知道我爸爸从哪里找到的. 放映机发出的光束通过水缸照到天花板上. 水缸里浮着两个木塞, 只要有人按一下, 波就产生了: 圆形波、反向波, 还有波的干涉! 所有的这一切都被投影在天花板上. 先讲解, 再演示 …… 我当时还在读 4 年级."

这本书的风格类似"儿童学会", 目标读者包括各年龄段的青年"数学家"[4].

这些文章的复杂程度差别很大, 有高中生就可以理解的, 也有会给经验丰富的研究人员带来很大挑战的. 在我看来, 这本书既可以放在高中的图书馆, 也可以放在大学教师的休息室. 作者的哲学思想是显而易见的: 数学是物理的一部分, 物理是一门实验科学, 是自然科学的一部分. 所以数学是实验非常廉价的物理[5].

数学普及工作者们往往会发现他们处于进退两难的情况. 迈克尔·法拉第 (著名的科普专家) 说: "真正教知识的讲座永远不受欢迎, 受欢迎的讲座也永远不会教知识." 本书是法拉第格言的少有的反例: 它是开拓视野的, 开放式的, 但也不会使人厌倦. 在前言部分, 阿诺尔德说: "例子不比规则教我们的更少, 错误教我们的要多于正确的深奥证明."

的确, 在第十三章"自行车前进的驱动力" 中存在错误, 我们鼓励读者深入研究. 我觉得本书的另一个特点是, 肆无忌惮的挑衅风格. 阿诺尔德身处一场对抗数学形式化的圣战中, 用他的话说, 就是反抗 "罪恶的布尔巴基化" (criminal Bourbakization). 在这场战争中他不会对敌方有任何仁慈, 参见他的名著《数学决斗》. 阿诺尔德也强烈反对数学成果的错误归属, 在此引用迈克尔·贝里的网站中关于"发现"的三个定律:

1. 阿诺尔德定律 (隐含于他的信件中关于成果优先权的争论, 通常是指对俄罗斯数学家成果的忽视): 发现很少会被归功于正确的人 (当然, 阿诺尔德定律也是如此).

2. 贝里定律 (根据阿诺尔德定律, 观察发现——反推回真正的发现者的序列似乎无穷无尽): 没有什么是第一次被发现的.

3. 怀特海定律: 所有重要的事情都曾经被一个没有发现它的人提出过.

我怀疑阿诺尔德有意对他的观点夸大其词, 读者应当对于他极端的主张持保守态度.

---

4 英文译者注: 为了纪念弗拉基米尔·罗克林, 阿诺尔德引用了克朗的话: "……只要一个数学家倾向于在极不合适的时间讨论数学, 就该认为他是年轻的."

5 英文译者注: V. Arnold. "On teaching mathematics".

本书中的大部分章节短小精悍, 因此这篇序言也不宜过长. 让我们以阿诺尔德的网络访谈中另一句话作为结尾, 在我看来, 这句话很好地代表了这本书及其作者的观点:

"数学" 这个词代表着揭示真理的科学. 在我看来现代科学(例如: 理论物理和数学)是一个新的宗教 —— 对真理的崇拜, 由 牛顿在三百年前创立.

谢尔盖·塔巴奇尼科夫

2014 年 5 月

前言

电影 (改编自维·托卡列娃[1]的侦探小说) 导演通过谋杀案的侦察得出结论: "数学可以解释原因."

数学对自然科学的主要贡献不在于正式的计算 (或者已取得的数学成就的其他应用),而在于研究那些非正式的问题,这些问题的确切描述 (我们在寻找什么,必须使用什么特定模型) 通常是问题的一半.

本书收集的 39 篇文章有着共同的目标: 教会读者除了做大数的乘法 (有时候必须去做) 之外,还要去猜测看起来无关的现象和事实之间的意想不到的联系,有时这些现象来自自然和其他科学的不同分支.

例子不比规则教我们的更少,错误教我们的要多于正确的深奥证明.相比死记硬背几十条公理,这本书中的图可以让读者理解更多 (甚至还包括由此得到的伏尔加河汇入哪个海、马吃什么的结论).

鲍里斯·帕斯捷尔纳克写道: "关于诗歌是否有用的

---

1 苏联和俄罗斯的编剧和短篇小说家.

问题, 只有在其衰落的时期才会产生, 而在诗歌的繁荣时期, 没有人在意诗歌全然无用."

数学不完全像是诗歌, 但我也不想在数学中体会到自然科学仇敌所鼓吹的衰落感.

我还补充一点, 尼耳斯·玻尔将真命题分为两类: 平凡的真命题和天才的真命题. 具体来说, 若一个真命题的否命题显然是错误的, 那么他将此真命题看作是平凡的; 若真命题的否命题和原命题一样都不是显然的, 那么他将此真命题看作是天才的. 因此, 命题的否命题是否正确, 是非常有趣、也值得研究的.

我在此感谢 N. N. 安德列耶夫强迫我写了这本书.

编辑: 弗拉基米尔·阿诺尔德于 2010 年 6 月 3 日去世. 他参加了这个第二版的出版准备, 但没来得及看到清样 (只是没看到第十三章末尾的注释).

自
然
@
数
学

火星开普勒轨道的偏心率

考察如下具有相同数学模型的问题:

一个直角三角形的斜边长为 1 m, 其中一条直角边长为 10 cm. 试求另一条直角边的长度.

勾股定理给出的数学解答为 $\sqrt{1-(1/10)^2}$ m. 但是这个结果并不简洁. 关键是由于 $(1-a)^2 = 1-2a+a^2 \approx 1-2a$. (只要 a 是一个较小的量, 那么 a^2 产生的误差会非常小.) 因此 $\sqrt{1-A} \approx 1-A/2$. 对于 $A = 1/100$, 我们可以得到 $1-1/200$ m, 也就是 99.5 cm: 直观来讲, 尽管直角三角形的较小顶角并不是那么小 (大约有 6°), 但长度上 0.5% 的细微差别是无法分辨的, 因此无法区分三角形的较长直角边和斜边.

火星的开普勒椭圆轨道的偏心率大约为 0.1. 但是开普勒在绘制火星轨道时[1], 他将轨道画成圆形, 并将太阳稍稍

1 基于开普勒的老师第谷·布拉赫在天堡观象台所做的数十年的肉眼观测数据, 天堡位于埃尔西诺和哥本哈根之间的第谷所拥有的汶岛上. 后来牛顿为证明望远镜能够达到第谷观测的精度, 派哈雷带着望远镜来到天堡.

偏离圆心. 他为什么会绘制错误呢?

解: 椭圆轨迹上的点满足到平面上两个固定点 P 和 Q(称为焦点)的距离之和为常数, 这个常数值记为 $2a$. 对于一个中心点在 O 点(两个焦点的中点)的椭圆, 半长轴为 OX, 半短轴为 OY, 则

$|OX| = a$ (由于 $|PX| + |QX| = 2a$),

$|QY| = a$ (由于 $|PY| = |QY|$ 且 $|PY| + |QY| = 2a$),

$|OQ| = ea$ (这是椭圆偏心率的定义).

分析直角三角形 OYQ, 我们可以得到

$$|OY| = \sqrt{|QY|^2 - |OQ|^2} = \sqrt{a^2 - a^2 e^2}$$
$$= a\sqrt{1 - e^2} \approx a(1 - e^2/2).$$

由于偏心率 $e = 0.1$, 每个焦点到中心点的距离为半长轴的 10%, $|OX| = a$, 半短轴仅仅比半长轴短 0.5% (开普勒最初没有注意到如此小的差别).

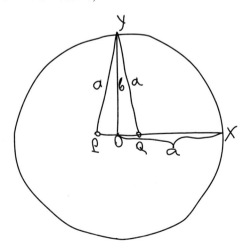

保护飞机尾翼

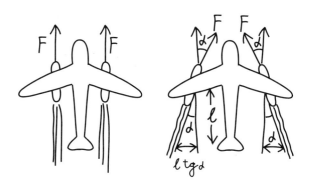

第一代喷气式飞机上从引擎喷射而出的气体会灼烧飞机的尾翼. 工程师们建议稍微转动引擎的角度 (转动小角度 α), 解决了喷气灼烧尾翼的问题 (喷气向两侧偏移了 $l\tan\alpha$, 其中 l 是引擎到尾翼的距离).

如此设计之后, 推力变为 $2F$ 的几分之几?

解: 推力变为 $2F\cos\alpha \approx 2F(1 - \alpha^2/2)$.

若转动一个明显的角度 3°, 则为 $\alpha \approx 1/20$ 弧度. 因此推力的损失 $\alpha^2/2$ 为原来推力的 $1/800$, 这几乎可以忽略不计 (而喷气偏移的距离为 $l\tan\alpha \approx l/20$, 大概为数米的距离).

沿正弦路径返回

一个醉汉沿着正弦路径回家,相比直线行走而言,他多走了多少路程?

解: 大约多走了 20%. 很多人认为走正弦曲线的距离是直线距离的 2 倍或者至少是 1.5 倍. 但实际上,即使走锯齿形的路径 $ABCDE$ 也只是直线距离 (AE) 的 $\sqrt{2}$ 倍, 大约多走 40%.

正弦路径要短得多. 考虑正弦曲线上与 AE 夹角为 α 的部分, 则这一部分长度是它在 AE 上投影的 $\sqrt{1 + \alpha^2} \approx 1 + \alpha^2/2$ 倍. 因此, 即使是正弦曲线上夹角为 20° 的部分, 也仅比它的投影长 $(1/3)^2/2 \approx 1/20$ (即 5%). 只有路径上特别靠近弯曲点 (A, C 和 E) 的部分才会显著延长. 因为这些部分很短, 路径延长的总和很小. 因此, 正弦路径上的大部分延长的距离并不明显.

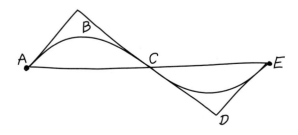

狄利克雷积分和
拉普拉斯算子

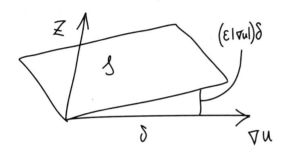

一薄膜 $z = 0$ (在三维空间笛卡儿坐标系 (x, y, z) 下) 被小幅弯曲成一个曲面, 曲面函数为 $z = \varepsilon u(x, y)$ (其中 ε 为一小量).

弯曲薄膜的面积相比初始平面薄膜大了多少?

解: 在一阶 (非零) 近似下, 在每个点邻域内, 薄膜在函数 u 的梯度 $\operatorname{grad} u$ 方向拉伸 (拉伸的比例和最小角为 $\varepsilon |\operatorname{grad} u|$ 的直角三角形中斜边与较长直角边的比例相同). 因此, 精确到 ε^2 量级, 面积微元 s 的增量与梯度的平方成正比:

$$\delta s = \frac{1}{2} \varepsilon^2 |\nabla u|^2 = \frac{\varepsilon^2}{2} \left(\left(\frac{\partial u}{\partial x} \right)^2 + \left(\frac{\partial u}{\partial y} \right)^2 \right).$$

换言之, 整个薄膜的面积增量就是狄利克雷积分

$$\delta S = \frac{\varepsilon^2}{2} \iint \left(\left(\frac{\partial u}{\partial x} \right)^2 + \left(\frac{\partial u}{\partial y} \right)^2 \right) dx dy + o(\varepsilon^2).$$

注: 研究发现狄利克雷积分不仅可以表示薄膜的面积增量, 而且能够表示它的势能, 即将薄膜从 $z = 0$ 状态弯曲到 $z = \varepsilon u(x, y)$ 状态的外力所做的功.

这个 (不直观的) 结论的证明可以在《偏微分方程讲义》(Fazis, *Lectures on Partial Differential Equations*, 1997, pp. 68 – 70[1]) 一书中找到.

同时, 可以证明弯曲 (和拉伸) 薄膜的外力正比于函数 u 的拉普拉斯算子 Δu (其中 $\Delta = \operatorname{div} \operatorname{grad}$); 并且, 若满足边界 M 上 $u = 0$, 我们还有

$$\iint\limits_{M} (\nabla u)^2 \, dx dy = - \iint\limits_{M} u \Delta u \, dx dy.$$

将函数 u 作用为 Δu 的算子 Δ (以欧几里得空间 $\mathbb{R}^n$ 的笛卡儿坐标 x_i) 表示为

$$(*) \qquad \Delta u = \frac{\partial^2 u}{\partial x_1^2} + \cdots + \frac{\partial^2 u}{\partial x_n^2}.$$

在欧几里得空间的其他坐标系中, 表达式是不同的, 例如, 在极坐标 (r, φ)

1　英文译者注: Vladimir I. Arnold, *Lectures on Partial Differential Equations*, Springer-Verlag, Berlin-Heidelberg and PHASIS, Moscow, 2004, pp.57 – 59 (英文译本).

平面 $(x_1 = r\cos\varphi, x_2 = r\sin\varphi)$ 下, 拉普拉斯算子为

$$\Delta u = \frac{\partial^2 u}{\partial r^2} + \frac{1}{r}\frac{\partial u}{\partial r} + \frac{1}{r^2}\frac{\partial^2 u}{\partial \varphi^2}.$$

这个算子作用于任意黎曼流形上的函数 u 为

$$\Delta u = \operatorname{div}\operatorname{grad} u.$$

此表达式的物理意义与前文所考虑的例子中计算面积变化的狄利克雷积分相同.

物理的敌人们在他们的数学教科书中用关系 $(*)$ 定义拉普拉斯算子, 这使得这个物理符号相对无意义 (它不仅取决于运算符所应用的函数, 还取决于坐标系的选择). 相反, 运算符 div、grad、rot 和 Δ 只依赖于黎曼度量, 而不依赖于坐标系.

斯涅尔折射定律

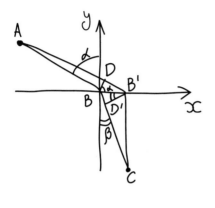

如图所示, 设运动速度在 $y > 0$ 的上半平面内为 v, 在 $y < 0$ 的下半平面内为 $\omega = \frac{3}{4}v$ (相对而言, 在空气中 $v = 1$, 在水中 $\omega = \frac{3}{4}$).

从上半平面的 A 点运动到下半平面的 C 点的时间最短路径为线段 ABC, 其中 B 点在上下平面交界线上.

请分别求出 AB, BC 两条线段与法线的夹角 α 和 β.

解: 假设在交界面上有点 B' 临近点 B 且 $|BB'| = \varepsilon$. 线段 AB' 的长度比线段 AB 长出一个线段 $B'D$, 其长度为 $\varepsilon \sin \alpha + O(\varepsilon^2)$.

相似地, 线段 CB' 比线段 CB 要短一个线段 BD' 的长度, 且其长度为 $\varepsilon \sin \beta + O(\varepsilon^2)$.

因此走完路径 $AB'C$ 的时间比走完路径 ABC 要长

$$\Delta(\varepsilon) = \frac{\varepsilon \sin \alpha}{v} - \frac{\varepsilon \sin \beta}{\omega} + O(\varepsilon^2).$$

为了使走过路径 ABC 的时间为最小值(在 ε 正负任意的情况下, 即 B' 点可以在 B 的左边或右边), 需要做到 $\Delta(\varepsilon) = 0$ (用 ε 的一阶近似表达), 即

$(*)$ $$\frac{\sin \alpha}{v} = \frac{\sin \beta}{\omega}.$$

其中与速度成反比关系的量称为折射率, 通常用 $n = \frac{1}{v}$ 来表示. 上文推得的在两种介质的折射率分别为 $n_1 = \frac{1}{v}$, $n_2 = \frac{1}{\omega}$ 的界面上的折射关系可以写成斯涅尔折射定律 $(*)$ 的形式:

$$n_1 \sin \alpha_1 = n_2 \sin \alpha_2.$$

例: 对于一束从空气中($n_1 = 1$)运动到水中($n_2 = \frac{4}{3}$)的光, 折射定律是这种形式:

$$\sin \alpha_1 = \frac{4}{3} \sin \alpha_2.$$

如果从空气射向水中的入射光与折射面的法线成的角度 α_1 很小, 则折射光与法线所成角度更小, 约为 $\frac{3}{4} \alpha_1$.

上文中我们通过使用费马原理——光束永远通过时间最短路径到达目标, 推导出了折射定律.

斯涅尔是通过实验方法测量入射角 α 和折射角 β 的数值关系得出的折射定律.

如果读者熟悉惠更斯原理 (运用波前的包络线来描述波的传播) 的话, 会发现斯涅尔折射定律是惠更斯原理的一个简单特例.

有趣的是, 对于上述的例子波传导的本质并不重要. 例如, 声学与光学的射线和波前完全相同, 同样的数学也可应用于流行病学.

6 水深与笛卡儿科学

一个盛水的平底容器,从上往下看起来的深度和实际相差多少呢?

解: 三角形 BAC 和 BAD 是直角三角形,所以

$$|AB| = |AC|\tan\alpha_1 = |AD|\tan\alpha_2.$$

对于很小的入射角 α_1,有这样的近似

$$\frac{|AD|}{|AC|} = \frac{\tan\alpha_1}{\tan\alpha_2} \approx \frac{\sin\alpha_1}{\sin\alpha_2} = n = \frac{4}{3};$$

由此得知,看起来的深度 $|AC|$ 比真实深度 $|AD|$ 要少四分之一.

注: 笛卡儿在宣称光在水中的传播速率比在空气中快 30% 前,他真应该好好观察这个容器.

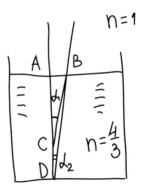

他得出这个结论是因为他知道声音在水中的传播速率比在空气中快(大约是在空气中传播速率的五倍).

使用基于这种类比的演绎法是十分危险的; 它们永远应当以实验方法检验. 然而笛卡儿郑重宣布科学是一系列从任意的公理中演绎出来的结果, 而对这些公理的验证并不属于科学的范畴 (虽然可能对市场经济有用).

　　以下是在几十条笛卡儿给出的相似的"原则"中最为危险的一条: "政府应当立即禁止除我之外其他人提出的教学方法, 因为只有我的方法是政治上正确的——学习我的课程的话, 所有笨蛋都会和天才有一样快速的进步, 而其他的教学方法, 对有天赋的学习者更有利."

　　根据他的原则, 笛卡儿试图将图像从几何学中剔除, 这些图像一方面是像画直线和圆那样对实验的记录, 另一方面是想象力的壁龛, 而想象力正是笛卡儿致力于从科学中排除的.

　　法国的前总统雅克·希拉克曾经告诉我 (2008 年 6 月 12 日, 克里姆林宫), 正是笛卡儿科学的这些特点让他在童年时期就痛恨数学. 但他补充道(用俄语): "不过, 可能只是痛恨法国布尔巴基 (Bourbaki) 学派的数学. 在这里我能听懂你所说的一切, 但是你们的费多尔·伊凡诺维奇·丘特切夫 (1803–1873, 俄国诗人) 所说的并非没有道理:

用理智无法理解俄国,

用普遍尺度也难以丈量:

她有一种特别的气质——

对俄国, 你只能信仰.[1]"

　　在俄罗斯没人相信笛卡儿所说的光在水中传播比在空气中更快, 反过来, 他著名的彩虹理论在俄罗斯比在法国更广为人知.

1　英文译者注: 英文版由约翰·杜威翻译.

折射光的水滴

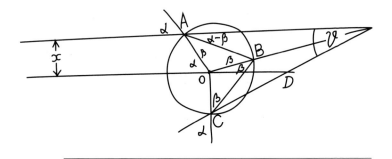

　　OD 为穿过半径为 r 的球形水滴中心的一束光, 另一束平行于 OD 且与之距离为 x 的光束射向水滴与其从水滴中反射回的光束形成偏角 θ, 请表示 θ.

　　解: $\angle BOD = \beta - (\alpha - \beta) = 2\beta - \alpha$.

　　偏角 θ 是 $\angle BOD$ 的两倍(根据光路关于 OB 轴的对称性): $\theta = 4\beta - 2\alpha$.

　　根据折射定律, 我们可以得到 $\sin\alpha = n\sin\beta$, 根据上文对入射光的定义, 我们可以得到 $r\sin\alpha = x$. 因此,

$$\alpha = \arcsin\frac{x}{r}, \quad \beta = \arcsin\frac{x}{nr}.$$

综上,

$$\theta(x) = 4\arcsin\frac{3x}{4r} - 2\arcsin\frac{x}{r}.$$

尽管这个表达式回答了上文的问题,它的意义只有在画出了计算函数 θ 的图像后才相对清晰.这个模型可以解释美丽的露珠和雨后的彩虹.

⑧ 最大偏角

照射在球形水滴上的光与其从水滴反射回来的光的夹角在什么情况下最大 (最大角是多少)?

解: 我们用 u 表示 $\frac{3x}{4r}$, 所以 $\frac{x}{r} = nu$, 由此可得

$$\frac{\theta}{2} = 2\arcsin u - \arcsin nu.$$

由 $\frac{\theta}{2}$ 对 u 的导数为 0 可求得最大角 $\theta_{\max}$. 于是我们有

$$\frac{2}{\sqrt{1-u^2}} = \frac{n}{\sqrt{1-n^2u^2}}, \quad \frac{4}{1-u^2} = \frac{n^2}{1-n^2u^2},$$

所以

$$u^2_{\max} = \frac{4-n^2}{3n^2}, \quad \frac{\theta_{\max}}{2} = 2\arcsin u_{\max} - \arcsin nu_{\max}.$$

对于 $n = \frac{4}{3}$, 可得

$$u^2_{\max} = \frac{5}{12}, \quad u_{\max} = \frac{\sqrt{\frac{5}{3}}}{2}, \quad nu_{\max} = \sqrt{\frac{5}{3}} \cdot \frac{2}{3}.$$

因为 $\frac{5}{3} \approx 1.666$, 我们不难得到

$$\sqrt{\frac{5}{3}} \approx \frac{\sqrt{166.6}}{10} \approx 1.29.$$

所以,

$$u_{\max} \approx 0.645, \quad nu_{\max} \approx 0.86.$$

又因为

$$\sin\frac{\pi}{6} = 0.5, \quad \sin\frac{\pi}{4} \approx 0.707, \quad \sin\frac{\pi}{3} \approx 0.86,$$

由此可得

$$\arcsin nu_{\max} \approx \frac{\pi}{3}, \quad \arcsin u_{\max} \approx \frac{\pi}{4} - \frac{\pi}{40},$$

因此

$$\frac{\theta_{\max}}{2} \approx \frac{\pi}{2} - \frac{\pi}{20} - \frac{\pi}{3}, \quad \theta_{\max} \approx \frac{\pi}{3} - \frac{\pi}{10},$$

约等于 42°.

⑨ 彩虹

为什么彩虹圆弧是以反日点为圆心、张角约为 42°?

解: 折射后弯折最大的光束携带最多的能量:

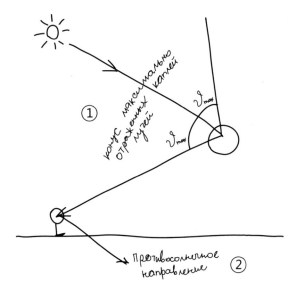

① 水滴反射光线最大圆锥角. ② 太阳光反方向.

当偏角不接近极大值时,偏角从 θ 到 $\theta+\varepsilon$ 的光束所含能量与 ε 成正比.而当偏角接近极大值时,同样是在 ε 角度范围内的光束所含能量远高于前者(所含能量正比于 $\sqrt{\varepsilon}$).

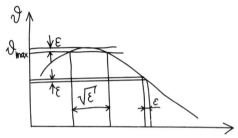

因此只有这些光束可见,并形成了彩虹.又因为不同色光在介质中的折射率略有不同,所以不同色光的最大偏角 θ_{max} 略有不同.这就是为什么彩虹是色彩斑斓的.

注: 第二个彩虹 (在第一层里面) 是由光线在水滴中反射多次造成的.对于这些光线,最大偏角的值略小于 42°.

蓝色的天空也有数学上的解释:从一个方向看唱片,人们可以看到色彩斑斓的颜色,这个现象可以通过光线在唱片记录槽的光栅上的干涉来解释 [这个现象与云纹 (moiré) 相似:当一个栅栏投射到另一个栅栏上时可能观测到的长周期图案].

与此相似,天空的蓝色是由太阳光因稀薄大气中的密度波动所引起的类似于云纹的干涉造成的.

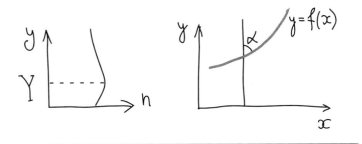

⑩ 海市蜃楼

沙漠中空气的折射率 $n(y)$ 在一个确定海拔 Y 的时候有最大值(在此高度的空气密度最大:沙漠表面的热量令下层的空气上升,而在极高的海拔空气密度是0).

利用上述折射率变化解释海市蜃楼现象.

解: 通过折射定律 $n \sin \alpha = \text{const}$ 研究光线的轨迹 $y = f(x)$,其中 α 是光线和竖直方向的夹角.

我们观察到光线符合这样一个(微分)方程

$$\alpha(y) = \arcsin \frac{C}{n(y)}.$$

参数 C 由光线的初始条件决定.可以推得光线(当 C 为常数,初始位置靠近 Y 时)会一直处于 $n(y) \geqslant C$ 的区间(在边界内振动):

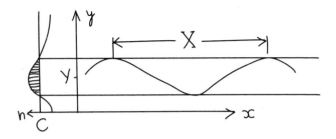

这种振动使光线呈波状 (波长 X 由 C 的值决定).

如果 C 不是折射率 n 的临界值, 那么 $X(C)$ 是有限的: 在 $n(y) = C$ 时 $\frac{dn}{dy} \neq 0$.

当常数 C 上升趋近折射率的临界值 $n(Y)$ 时, 波长 $X(C)$ 会趋近无穷, 波的振幅趋于 0, 光线的传播路径是沿着 $y = Y$ 的直线.

为了理解弯曲的光线如何影响远处棕榈树的像, 假设我们从点 $(x = 0, y)$ 观察一个相距 x 的棕榈树.

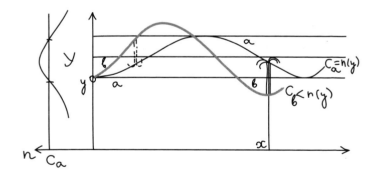

在观察点 $(0, y)$, 由棕榈树顶部反射的光线 a 位于由棕榈树底部反射的光线下方. 因此, 棕榈树的像倒了过来——这就是海市蜃楼现象.

注: 为了了解这一切, 我们必须清楚地知道光线的几何图像 (由这些射向观察者的光线所形成) 与之形成的像有何关联.

这个关系("成像法")在高中学习透镜的时候讲解过, 理解这个理论的学生并不太多. (想看到海市蜃楼并不需要去沙漠: 在夏天可以在等待列车的时候看向月台, 尽管月台是完全干燥的也经常可以看到远处有水坑; 看到这一现象, 聪明的孩子可能可以理解上述的理论, 但是很少有孩子能做到这一点.)

潮汐,吉布斯现象和层析成像

在城市 C, 今天的正午时分出现涨潮, 明天它将何时出现?

解: 潮汐的形成可通过月球的引力解释: 大致来讲, 月球引力在地球引力场的等位面上形成了两个凸起(一个朝向月球, 一个朝向相反方向)[1]. 在这个场的影响下, 海水会有倾向地分布以保证海面与等势面平齐 (即, 它是 "水平的").

这就是引起潮汐的原因: 由于地球每 24 小时绕其自转轴转动一周, 引力场朝向 (或背离) 月球的凸起位置相对于地球大陆产生移动.

众所周知, 月球绕地球的转动周期为一个月 (大约 28 天), 月球 (转动的) 平

---

[1] 开普勒和哥白尼讨论过引力的两种可能; 他们认为引力是随着距离的增加而减小的逆多项式, 或与距离成反比, 或与距离的平方成反比. 潮汐讨论的结果是引力更可能与距离的平方成反比, 因为否则潮汐将会高很多倍.

面与地球赤道面存在一个 (较小的) 夹角,月球在其转动平面内转动的方向与地球绕其自转轴的转动方向相同 (从北极看,自西向东方向).

在一天后,月球相对于地球近似在月球轨道方向上移动了其轨道周期的 1/28. 此时,月球引力造成的引力位凸起将会朝向月球所在的新位置,地球也必须转动一周的 1/28,从而使 C 城再次位于引力位的凸起位置. 由于地球自转周期为 24 小时,它必须多转 24/28 小时,大约为 50 分钟,以使 C 城到达涨潮的位置.

因此,明天正午后 50 分钟 C 城将会出现涨潮.

注: 当然,我们使用了一个高度简化的模型来解释复杂的潮汐现象,假设海水实时地跟随引力凸起位置. 实际上,海水相比引力凸起到达的时间,存在着延时 (对不同的城市,延时的长短不同),我们的模型只有在地球转动较慢时才较为精确. 太阳的引力也会造成潮汐现象 (太阳潮汐比月球潮汐更慢,但是在春分和秋分时特别明显,此时太阳潮汐会叠加上月球潮汐而不会两者相抵消).

但是,我们的结果,延迟 50 分钟,与实际观测结果十分吻合,显然,这是由于今天落后于引力位凸起的延时和明天的是基本一样的.

对特定区域的精细预测需要大量的数学计算.

在这些计算中,吉布斯总结出如下惊人的现象(即吉布斯现象,但不幸的是,未被收录于微积分课程中):

收敛函数序列的函数图像的极限可能和函数极限的图像完全不同.

当然,关键是序列可以不一致收敛,吉布斯在将不连续函数展开为傅里叶级数时注意到了这一点.在(最简单的)不连续点附近,级数部分和的图像的极限不仅包括左右极限值的间隔,还包括其延伸 (AB 比 $A'B'$ 长 9%).

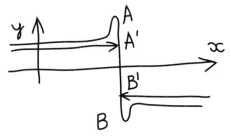

如今,这种吉布斯现象被用于解释层析成像中体层图上的"伪影":从二重切线和拐点处切线到骨骼边界的横截面的亮度有所增加.

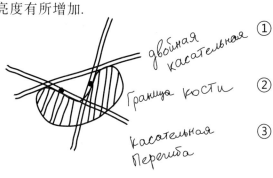

①二重切线. ②骨骼边界. ③拐点切线.

⑫ 液体的旋转

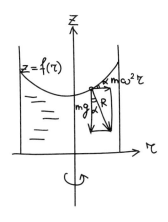

将一杯水放置在匀速转动的留声机唱片上 (例如: 放在唱片的中心, 使得转动轴与玻璃杯的中心对称轴重合).

杯中的水面会形成什么形状?

解: 从对称性可以清楚地看出, 水面为一个旋转曲面, 方程形式为 $z = f(r)$, 其中 r 为与转动轴的距离, z 为水面的高度.

已知角速度为 ω, 则作用在质量为 m、距离旋转轴为 r 的液体上的离心力为 $m\omega^2 r$, 重力为 mg.

合力 R 垂直于水面的条件为: 水面上此位置与水平半径方向的夹角的正切值为

$$\frac{m\omega^2 r}{mg} = cr$$

(其中, 常数 $c = \omega^2/g$ 与水面上的位置无关, 且随着 ω 增大而迅速增大).

对函数 f, 我们得到如下微分方程(这确定了函数图像在任一点的斜率)

$$\frac{df}{dr} = cr.$$

此方程的解为

$$f(r) = f(0) + \frac{c}{2}r^2,$$

表明水面为一旋转抛物面.

注: 我们所得的微分方程含义是抛物线的切线将坐标轴的相应部分平分:

$$|OT| = |OX|/2, \quad 由于 \left(cr^2/2\right) / (cr) = r/2.$$

对于 a 次曲线, 我们有 $|TX| = |OX|/a$ (与阿基米德的结论相同), 因此, 对于三次曲线, T 点到 X 点的距离是到 O 点距离的一半.

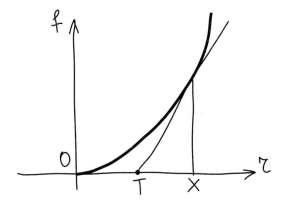

自行车前进的
驱动力

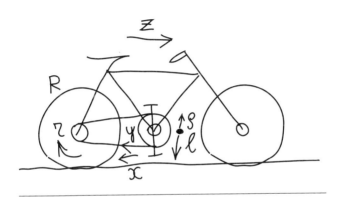

自行车静止在水平地面上. 如果将靠下的脚踏板向后拉, 自行车会向哪个方向移动? 靠下的脚踏板又会相对地面向哪个方向移动呢?

解: 记曲柄长度(从脚踏板到自行车中轴的距离)为 l, 前后牙盘(齿轮)的半径分别为 ρ 和 r, 并记后轮的半径为 R .

设脚踏板相对自行车中轴(向后)的位移为 x, 那么前(或后)牙盘最低处的轮齿向后移动的距离为 $y = x(\rho/l)$.

由此,后轮发生转动,它与地面的切点将移动距离

$$z = y\left(\frac{R}{r}\right) = x\left(\frac{\rho}{l}\right)\left(\frac{R}{r}\right).$$

对于自行车模型,不妨假设

$$l \approx 2\rho, \quad R \approx 10r.$$

那么,自行车相对地面移动的距离为

$$z \approx 5x \quad (\text{向前!}).$$

同样地,这也是自行车中轴移动的距离.又因为脚踏板相对轴向后移动了 x,因此脚踏板相对地面的位移向前,为 $4x$.

答: 自行车会向前移动; 脚踏板虽然被向后拉, 但相对地面的运动仍然是向前的, 不过比自行车的移动距离少了20%.

注: 一个向后的 (作用在脚踏板上的) 力却导致了自行车向前移动, 表面上看来很怪异, 但向后踏脚踏板带动后轮转动产生的与地面的摩擦力是向前的, 而正是摩擦力推动了自行车前进.

编者按: 本书第一版出版后, 一些读者敏锐地注意到上面所考虑的模型是不准确的.

我们与作者已经进行了关于订正上述问题的初步讨论,并计划在出版该书的新版本之前定稿.然而作者弗拉基米尔·伊戈列维奇·阿诺尔德于2010年6月3日突然离世,再版也随之停滞.

如今再修改原文已是不当的,所以我们把正确的模型简单叙述给读者.在该模型中,应考虑脚踏板上受到力的施力对象(骑手)是坐在自行车座上的,并且脚踏板与车轮刚性连接.

胡克椭圆与开普勒椭圆及其保形变换

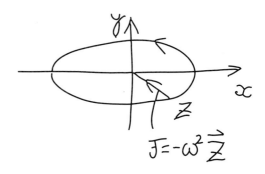

$$\ddot{z} = -\omega^2 \vec{z}$$

如果欧几里得平面上的一个点受到来自原点的吸引, 引力正比于该点到原点的距离 ("胡克定律", $\ddot{z} = -\omega^2 \vec{z}$), 那么该点沿着以原点为中心的胡克椭圆运动, 在运动平面内建立笛卡儿坐标系并选取恰当的 x 轴和 y 轴, 轨迹方程可表述为如下形式

$$(*) \qquad x = a\cos(\omega t), \quad y = b\sin(\omega t).$$

在引力场(引力大小反比于到引力中心的距离)中受到引力作用的点 (并且有不太大的初速度), 将沿着开普勒椭圆运动, 引力中心位于椭圆的两个焦点之一.

试证明: 如果将欧几里得平面看作复线 $(z = x + iy)$, 那么任意胡克椭圆上点 z 的平方就构成一个开普勒椭圆.

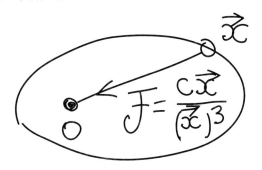

解: 考虑模长为 r、辐角为 ωt 的复数, 即

$$\zeta = re^{i\omega t} = r\cos(\omega t) + ir\sin(\omega t).$$

那么其倒数的模长为 r^{-1}、辐角为 $-\omega t$, 即

$$\zeta^{-1} = r^{-1}\cos(\omega t) - ir^{-1}\sin(\omega t).$$

因此, 这对互为倒数的复数之和为

$$Z = \zeta + \zeta^{-1} = (r + r^{-1})\cos(\omega t) + i(r - r^{-1})\sin(\omega t),$$

是胡克椭圆, 其中

$$a = r + r^{-1}, \quad b = r - r^{-1}.$$

为了简化问题, 不妨假设 $r \geqslant 1$, 那么 a 便是胡克椭圆的半长轴, b 为半短轴. 当复平面上的点 ζ 沿圆周 $|\zeta| = r$

运动一周, 其对应的按照胡克定律运动的点也经过了一个完整的椭圆.

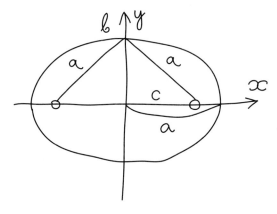

根据勾股定理 (毕达哥拉斯定理) $c^2 = a^2 - b^2 = 4$ 可以得到该椭圆的焦点, 椭圆中心到焦点的距离等于2.

任何具有相同焦距的椭圆, 都可以通过这种方法(选取合适初始圆周的半径)构造. 此外, 任何(以原点为中心的)椭圆都可以通过选取合适的坐标轴方向和标度构造.

将胡克椭圆上的点 $Z = \zeta + \zeta^{-1}$ 求平方, 可以得到

$$Z^2 = \zeta^2 + \frac{1}{\zeta^2} + 2.$$

当点 $\zeta = re^{i\omega t}$ 沿半径为 r 的圆运动一周, 点 $\zeta^2 = r^2 e^{2i\omega t}$ 随之沿半径为 r^2 的圆运动两周.

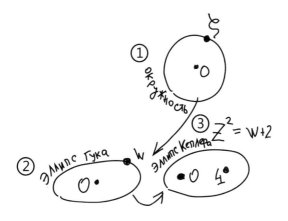

①圆. ②胡克椭圆. ③开普勒椭圆.

因此,

$$W = \zeta^2 + \frac{1}{\zeta^2} = X + iY$$

描述了两周以原点 0 为中心、焦距为 2 (焦点 $c = \pm 2$) 的胡克椭圆:

$$X = A\cos(2\omega t), \quad Y = B\sin(2\omega t).$$

回溯 $Z^2 = W + 2$, 因此 Z^2 描述了 (两周) 以 0 和 4 为焦点的椭圆 (此即开普勒椭圆, 如前所述).

注 1: 通过选取适当的 (以原点 $Z = 0$ 为中心的) 初始椭圆, 对任意包含焦点 0 的椭圆我们总能得到其对应的点集 Z^2. 这一结论与上述分析同理, 因为通过选取合适的坐标轴方向和标度总可以变换得到 (∗) 式描述的特殊形式椭圆.

注 2: 对胡克椭圆上的点进行平方运算, 并不意味着将满足胡克定律的沿胡克椭圆的运动变换为符合开普勒定律的沿开普勒椭圆的运动. 这是因为, 对复平面上的点求平方会导致面积定律的守恒量不再守恒(角速度变为两倍, 但到原点距离的平方乘以的却是不同复数系数).

注3: 令人惊奇的是, 通过对复数进行适当的指数运算, 可以将符合 α 阶中心引力场运动规律 (引力大小正比于到原点距离的 α 次方) 的轨道变换为符合 β 阶中心引力场运动规律(引力大小正比于到原点距离的 β 次方)的轨道.

存在对偶关系的引力定律中的指数 α 和 β 应满足如下关系式 $(\alpha + 3)(\beta + 3) = 4$.

例: 胡克定律对应 $\alpha = 1$, 万有引力定律对应 $\beta = -2$.

若要将 α 阶中心引力场中轨道上的点变换到 β 阶中心引力场中的轨道上, 对点进行指数运算的次数应满足 $\gamma = (\alpha + 3)/2$.

因此, 若 $\alpha = 1$, 有 $\gamma = 2$. 即, 将胡克椭圆变换为开

普勒椭圆, 需要对复数点进行平方运算.

反之, 对于 $\alpha = -2$ 有 $\gamma = 1/2$. 即, 将开普勒椭圆变换为胡克椭圆, 需要对复数点进行开方运算.

独特的一点是, 胡克定律和万有引力定律描述的中心引力场中的近圆轨道都是封闭的. 而对于其他形式的引力场, 轨道的形状则更接近外摆线 (在近心点和远心点间的环状区域内运动).

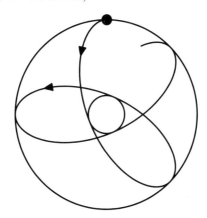

注 4: 从 α 阶中心引力场中的运动轨道到 β 阶中心引力场中的运动轨道的变换在量子力学中同样适用: 通过平面变换可以将一个引力场中薛定谔方程的解映射为另一个引力场中薛定谔方程的解 (R. Faure, Transformations conformes en mécanique ondulatoire, C. R. Acad.

Sci. Paris, vol. 237, pp. 603-605 (1953)).

尽管该结论也可以直接计算得出 (类似上述计算), 但将基于变分原理的拉格朗日方程 (通过对总能量和特征值进行合适的变换) 转化为薛定谔方程要比将其解进行转化容易得多.

有趣的是, 上述有势场间的对偶理论 $|\partial w/\partial z|$ 和 $|\partial z/\partial w|$ (不论是经典力学还是薛定谔方程) 是从胡克-开普勒对偶关系得到的, 其保形变换为 $w = z^2$. 该结论不仅可以推广到 $w = z^\gamma$ 的情况 (根据前文, 指数 α 和 β 需要满足 $(\alpha+3)(\beta+3) = 4$, 同时 $\gamma = (\alpha+3)/2$), 还可以推广到 $\gamma = \infty$ 的情况, 对应保形变换 $w = e^z$, $z = \ln w$. (特别地, $w^0 = \ln w$ 的情形将在后续 "势能的数学理解" 一章中展开.)

倒立摆的稳定性与卡皮察缝纫机

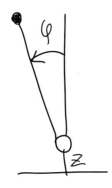

假设摆绕转轴在竖直方向振动,即 $z = a\cos(\Omega t)$. 如果振动频率 Ω 足够高,那么倒立摆将在直立的位置保持稳定 (图中 $\varphi = 0$ 的位置).

解: 考虑固连在摆锤上的 (非惯性) 坐标系. 作用在摆上的除重力外还有惯性力, 该力与坐标系的加速度成正比, 即

$$\ddot{z} = \Omega^2 a\cos(\Omega t).$$

这等价于一般方程描述的重力加速度常数为 g、(倒立) 摆长为 l 的振动

$$\ddot{\varphi} = (l/g)\sin\varphi.$$

由此引发的关于 (系数随时间周期性变化的) 二阶微分方程的研究已在 KAM 定理中得到证实 [可参考 V. Arnold 和 A. Avez 于 1967 年的合著《经典力学中的遍

历问题》(*Ergodic Problems of Classical Mechanics*), 由 Regulyarnaya i Khaoticheskaya Dinamika 期刊于 1999 年在 Izhevsk 再版, 第 87 – 90, 245 – 263 页].[1]

将上述摆的非线性运动方程线性化, 得到倒立摆的 "小振幅" 线性运动方程

$$\ddot{\varphi} = (l/g)\varphi.$$

该周期性系数线性方程的单值算子的特征值通过数值积分一个周期 $(0 \leqslant t \leqslant T = 2\pi/\Omega)$ 的方法可以至少近似求出, 也可以通过摄动理论近似求解 [可参考 V. Arnold 的《常微分方程》(*Ordinary Differential Equations*), Izhevsk 于 2000 年刊出的第四版, 第 281 – 289 页].[2]

根据上述单值算子特征值的分析可以得到, 对于摆长 $l = 20\,\mathrm{cm}$、摆锤振幅 $1\,\mathrm{cm}$ 的倒立摆的线性方程, 若摆锤的振动频率超过每秒 30 次, 则平衡点 $\varphi = 0$ 是稳定的.

事实上, 非线性的倒立摆方程中该平衡点也是稳定的, 只是不太易证.

注: 这个问题出现在加速器理论中. 其中一个项目是基于摆锤竖直振动的倒立摆的稳定性 (加速粒子圆周运动的稳

1 英文译者注: V. I. Arnold and A. Avez, *Ergodic Problems of Classical Mechanics* (Benjamin, New York, 1968), pp. 88-90, 250-269 (英文译本).

2 英文译者注: V. I. Arnold, *Ordinary Differential Equations* (MIT Press, Cambridge, Mass., 1973), pp. 199-207 (英文译本).

定性问题可归结为同一方程).

卡皮察建议,在花费数百万美元建造加速器之前,应先对摆的理论进行实验验证.他重建了一台电动缝纫机,利用它的旋转引发摆锤的竖直振动.

摆锤可以稳定地直立着.若使摆锤稍微向一边倾斜,它将在竖直位置两侧摆动,与一般情况下摆在低处平衡位置上的摆动相同.

在卡皮察担任中学生物理奥林匹克竞赛组委会主席、阿诺尔德担任数学奥林匹克竞赛组委会主席时 (委员会都位于物理研究所),卡皮察向两个委员会的成员们展示了他的缝纫机驱动倒立摆——这个机械已经作为遗迹陈列在隔壁房间了.

阿诺尔德没有电动缝纫机,于是采用涅瓦电动剃须刀的振动产生了摆锤的竖直振动.[3]

由于摆长 $l = 20\,\mathrm{cm}$ 太大,摆的上平衡位置并不稳定.阿诺尔德不得已进行了上文所述的 (线性化) 计算.

当摆长缩短到 $10\,\mathrm{cm}$ 后,摆锤 (在上平衡位置) 的振动表现为稳定了,随后阿诺尔德利用 KAM 定理证明了稳定性 (该定理包括椭圆不动点稳定性的一般理论,早在 1961 年就

3 电动剃须刀操作的视频记录存储在 "数学练习" 网站 (http://etudes.ru).

证明了可以通过线性化来判断非线性系统的稳定性).

　　此时加速器已经建成了,因为物理学家们对卡皮察用缝纫机做的稳定性实验验证足够满意(尽管他们还没有通过 KAM 定理对这种非平凡的非线性稳定性进行严格的数学证明).

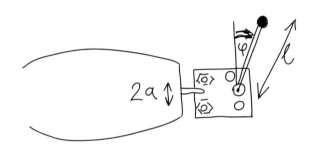

太空中飞行的镜头盖

一名宇航员坐在沿圆形轨道飞行的宇宙飞船中,如果他以 $10\,\mathrm{m/s}$ 的速度将摄影机镜头盖扔向地球,镜头盖会向哪里飞?

请描述镜头盖在轨道平面内相对宇宙飞船的运动轨迹.

解: 记镜头盖到地心的距离为 r, 与轨道上某一参考点相对地心的夹角为 φ. 假设轨道的半径为单位长度,并设置单位时间使轨道周期为 2π.

基于万有引力定律的运动微分方程在上述坐标系中可写作

$$\ddot{\vec{r}} = -\frac{\vec{r}}{r^3}.$$

我们研究上述方程接近圆周运动 $(r_0 = 1, \varphi_0 = t)$ 的扰动解. 假设解的形式为 $r = r_0 + r_1$, $\varphi = \varphi_0 + \varphi_1$; 经过线性化, 我们可以得到关于 r_1 和 φ_1 的扰动方程

$$\ddot{r}_1 = 3r_1 + 2\dot{\varphi}_1, \quad \ddot{\varphi}_1 = -2\dot{r}_1.$$

以给定情景作为初始条件求解上述方程 (即 $r_1(0) = \varphi_1(0) = \dot{\varphi}_1(0) = 0$, $\dot{r}_1(0) = -1/800$, 初始速度根据第一宇宙速度归一化为 1 得来, 第一宇宙速度实际上约等于 8 km/s.

扰动方程组可以变形得到 $\dddot{r}_1 = -\dot{r}_1$, 代入初始条件有

$$r_1 = -\frac{1}{800} \sin t, \quad \varphi_1 = \frac{2}{800} \cos t.$$

由此可以看出, 镜头盖相对飞船的运动轨迹是一个长轴约 32 km、短轴约 16 km 的椭圆, 椭圆中心位于宇宙飞船前方约 16 km 处. 大约一个半小时 (即宇宙飞船的一个轨道周期) 后, 镜头盖将完成其绕宇宙飞船一周的约 100 km 周长的椭圆运动并返回飞船上方, 以几十米的距离飞掠过宇宙飞船. 由于真实运动与上述一阶近似运动存在偏差, 镜头盖的位置和宇宙飞船并不重合.

注: 上述镜头盖的运动真实发生于宇航员列昂诺夫

的出舱行走中(列昂诺夫的叙述引得贝莱茨基对该情形进行了计算).

然而列昂诺夫说,他扔向地球的镜头盖就只是"飞向地球":他没想到镜头盖还能(在一个半小时后)飞回来.他对该现象的表述是合理的:约 100 km 周长椭圆运动的前 1 km 是近乎指向地球的直线; 而在更远的地方, 是看不到镜头盖的.

时针的角速度与费曼"自传播伪教育"

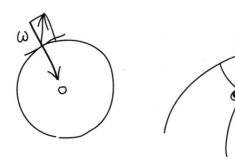

一只表正面向上水平放在圣彼得堡的桌子上. 时针的角速度向量将指向哪里?

解: 时针的角速度相对于表壳是向下的 (因为时针沿顺时针方向运动), 其大小是地球绕自转轴自转的角速度的两倍 (因为时针每 12 小时转一圈, 而地球每 24 小时自转一周).

地球自转的角速度向量指向北极星 (因为从北极星上看地球是逆时针旋转的).

时针运动的合角速度是上述两个向量之和 (地球运动的角速度和时针相对于地球的角速度).

圣彼得堡的纬度是北纬 $60°$. 因此, 由随地球自转产生的角速度向量 (大小记为 ω) 在东北天坐标系 (坐标轴分别指向沿纬线的东向, 沿经线的北向, 和天向) 中的投影为 $(0, \omega/2, \omega\sqrt{3}/2)$.

相对于地球自转, 时针转动产生的角速度向量 (在同一正交坐标系中) 的投影为 $(0, 0, -2\omega)$.

因此, 时针合角速度向量的投影为 $(0, \omega/2, -\omega(4-\sqrt{3})/2)$: 与子午线共面, 但并非指向北极星方向 (圣彼得堡当地北极星的仰角为 $60°$), 而是指向地平线以下仰角为 $\arctan(-(4-\sqrt{3})) \approx -66°$ 的某个点.

我们都在学校学习过角速度, 但只有少数人真正理解了解决上述问题所需要的知识.

理查德·费曼曾在他的书《费曼先生, 您一定在开玩笑!》(*Surely, You're Joking, Mr. Feynman!*) 中提到, 我们的教育, 甚至大学教育, 大多都使学生进入了 "一种自传播 '教育' 的滑稽状态", 在这种状态下, 学生除了能顺利通过考试外几乎什么都不懂.

费曼举例, 将重物 A 放在靠近门轴的位置推门比将同样质量的重物 B 放在远离门轴的另一边更轻松, 只要没有对这一情形展开讨论, 质点相对某个轴的转动惯量的定义以及与轴距离的平方的意义对学生来说都是没有概念的:

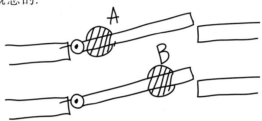

但不幸的是, 教授们都把自己局限在(正确)陈述定义 $I = \sum mr^2$ —— 即学生们在考试中应该掌握的定义.

在一次光学考试中, 费曼问一名学生: 考试卷子放在一块玻璃下, 如果将玻璃倾斜 α 角, 试卷成像将有什么变化. 学生想当然地回答说, 成像会转动 2α (尽管他刚刚回答过有关斯涅尔定律的问题, 但他不理解入射光和成像位置的关系). 费曼的提问是为了提醒这名学生是否把平行玻璃板和镜子弄混了, 但看来并没有起作用.

18 行星环

　　天王星绕太阳运行,会(短暂)遮挡一颗距离地球十分遥远的恒星.这一事件早已被天文学家预测到,但在当晚,这颗恒星却比预计时间提前看不到了.随后,恒星重新出现,又消失,共观测到反复四次消失后天王星终于"遮挡了该恒星盘".

　　之后,恒星隐藏到了天王星背后,被天王星遮挡的起始时间与天文学家的预测吻合,然后又再次出现.紧接着恒星又(在短时间内)消失又出现了四次.

　　以上反复消失的现象该如何解释呢?

　　解: *最自然的猜想是天王星和土星一样被行星环环绕.恒星在被天王星遮挡之前和超过天王星之后分别四次的被遮挡理应是由四个有间隔的同心行星环造成的.*

天文观测提供了行星环和环间隙的尺寸数据.

注: 理论认为土星环间隙是由土星卫星对组成土星环的冰块的引力摄动造成的. 如果冰块所处的环绕土星的轨道与土星卫星的轨道发生共振(比如,轨道周期是卫星轨道周期的一半: 有理数周期比会破坏稳定性),那么引力摄动将导致冰块的轨道运动变得不稳定.

根据观测天王星从恒星前经过得到的天王星行星环间隙尺寸的数据, 天文学家们 (弗里德曼等) 有能力预测天王星的五颗产生扰动的卫星的轨道半径, 这些卫星在当时还不为人知(在之后旅行者号飞越天王星时才发现).

有趣的是, 国际天文杂志没有录用苏联天文学家的假设, 可能是因为"出版该杂志的国家普遍接受另一套土星环间隙的形成理论"吧.

这"另一套理论"也预测了天王星的卫星, 但事实是, 这些预测的卫星并不在它们的位置上, 美国旅行者号的探险也没能发现它们.

我坚信, 诺贝尔奖是为后续被实验或观察所证实的科学发现而设立的, 例如上述天王星行星环理论.

然而后来与我讨论过这个问题的美国天文学家们却

反对说,"设立奖项的目的是支持美国的理论的,而不是俄罗斯的理论."

还好,无论诺贝尔奖、菲尔兹奖还是其他类似的奖项,都没有对自然科学的向前发展产生实质性的影响.科学的进步不是由各个机构的评判推动的,而是靠求知者的好奇心.他们正是我要将本书赠予的人.

泽尔多维奇常常暗自笑着说,他、我、萨哈罗夫和柯尔莫哥洛夫——我们都被归类为 ChVAN (既与俄文动词"妄自尊大"相近,又是俄文词语"所有科学院院士"的缩写).但柯尔莫哥洛夫只重视其中一个荣誉:伦敦数学协会荣誉成员.尽管他也是伦敦皇家协会(英国科学院)的成员,但并没有对此给予那么高的评价:门什科夫,被协会主席牛顿提名加入,成为协会的第一个俄国成员(他并不识字,画四个叉号签署了自己的同意书(由沙菲罗夫为他写的),我在把自己入选皇家协会成员的记录放置到其他俄国成员文件所在的同一文件夹时有幸看到了这份文件).[1]

---

1 英文译者注:门什科夫和沙菲罗夫,彼得大帝宫廷的显贵,被沙皇派往英国执行某项任务.

对称性
(和居里原理)

过均质立方体的中心画一条直线(以此直线为转动轴),使立方体相对于此直线(转动轴)的转动惯量最大.

解: 考虑立方体(相对于中心)的惯量椭球.立方体有 4 个 3 阶的对称轴(立方体绕任一空间对角线转动 $2\pi/3$ 后与原立方体重合).

因此,立方体的惯量椭球有相同的 4 个 3 阶对称轴.

但一个椭球有一个 3 阶对称轴当且仅当椭球为(绕此轴的)旋转椭球.

由此可知,均质立方体的惯量椭球有 4 个旋转轴,因此为球形.

因此,均质立方体相对于所有过中心的直线的转动惯量均相等.

注: 我们可以用具有相同对称性的任何质量系统来代替均质立方体. 比如,我们可以将 8 个质量相等的质点分别放置在立方体的顶点上,因此,从立方体的 8 个顶点

到过中心的所有直线距离的平方和相等.

在这种形式下, 朗道和利夫希茨[1] 在量子力学中考虑了如上问题,他们研究了对称分子的自振荡轴,而不是转动惯量(轴): 对于具有立方体对称结构的分子,其自振荡轴可以是过中心的任一直线.

皮埃尔·居里将他的主要发现总结为如下定理: 结果的对称性反映了原因的对称性, 因此, 观察结果的对称性,应该经常探究原因的对称性. (例如:观察晶体的对称性,要在相应的分子结构中寻找原因.)

1 英文译者注: L. D.
Landu and E. M.
Lifshitz, *Quanturn
Mechanics* (Vol. 3 of A
Course in Theoretical
Physics), Pergamon
Press, 1965.

克朗的错误定理

一个平台置于水平轨道上,平台上固定着一个垂直于轨道的倒立摆的水平支点,摆锤可以在平行于轨道的铅垂平面内自由摆动,平台以规律 $x = f(t)$ 水平移动(其中 f 是在范围 $[0, T]$ 内关于时间的光滑函数).

证明存在摆锤的某初始状态 $\alpha(0) = \phi, (d\alpha/dt)(0) = 0$,使摆锤在时间 T 内不会撞到平台.

解 (克朗): 如果 $\phi = 0$,那么我们总有 $\alpha(t) = 0$;如果 $\phi = \pi$,那么对所有时间 t,有 $\alpha(t) = \pi$.

由于 (连续) 微分方程的解连续地依赖初值 ϕ,由中值定理可得,在初值 $\alpha(0) = 0$ 和 $\alpha(0) = \pi$ 之间,存在一个初值 $\alpha(0) = \phi$ 使 $\alpha(t)$ 在 $0 \leqslant t \leqslant T$ 内严格控制在 0 和

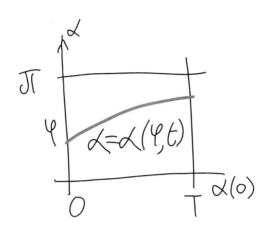

π 之间, 使得摆锤不会倒下.

注: 许多人质疑这个(不正确)的证明, 因为即使一个连续函数 $\alpha(\cdot, T)$ 被定义为初始位置 ϕ 的函数, 其微分在 0 和 π 之间, 但无法保证 $0 < t < T$ 内中间时刻的角度仍在 0 和 π 之间.

很可能, 克朗的论点有一个合理的推论, 即 $\alpha(\phi, t)$ 能够自然地延续到撞击平台的时刻(当 $\alpha(\phi, t) = 0$ 或 π)之后, 但是这个推论未写在文献中, 也尚未得到严格的证明.

李特尔伍德和其他数学家发表了各种试图证明或证伪克朗结论的尝试(这些反例中的某个论述在速度 df/dt 小于光速时是无效的).

但是我们仍未得到考虑撞击的合理的分析.

克朗将他的理论收录于卓越的基础教科书《什么是数学》(*What is Mathematics?*) 中, 这本书是由克朗和罗宾斯参考惠特尼撰写的.

另一个错误定理是克朗在他和希尔伯特著名的《数学物理方法》(*Methods of Mathematical Physics*) 一书中提出的. 这个定理为拉普拉斯算子前 n 个特征函数的线性组合提供了拓扑描述: 它们的零点将振荡流形分解为不超过 n 个部分.

克朗正确地证明了第 n 个特征函数, 但是对于它和之前的特征函数的线性组合, 这个证明不总是正确. 对于一维振荡物体 (弦), 克朗告诉我的陈述可能是正确的.

用费米的拉普拉斯方程 (对于 n 个电子, 比如在一个固定圆环上) 代替玻色的拉普拉斯方程. 盖尔范德解释了他对克朗叙述的证明.

将克朗关于纯特征函数的数目定理应用于 n 维问题的第一个反对称特征函数, 并确定除一个电子外所有电子的位置. 盖尔范德保证了能够得到固定圆环上一维问题的前 n 个特征函数的任意线性组合.

但至今仍未有人发表完整的证明.

力学中的不适定问题

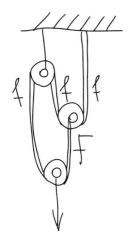

三个(质量不计)的理想滑轮如图所示连接,试求底部滑轮悬挂的重物的加速度.

解: 记居中的滑轮和天花板之间的绳子的拉力为 f,那么居中的滑轮与底部滑轮之间的绳子的拉力 F 即为 $F = 2f$,因为第二段(连接最上边滑轮与居中滑轮的)绳子作用给居中的滑轮向上的拉力 f (由于滑轮理想).

同理,最上边和底部滑轮间的绳子作用给底部滑轮向上的拉力 f(由于最上边的滑轮理想).于是,因为底部滑轮也是理想的,有 $f = F$ (绳子绕过理想滑轮,滑轮两侧的绳张力相等).

因此,我们得到了两个关于绳中拉力的关系式, $F =$

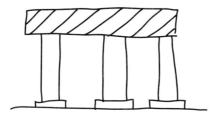

$2f$ 和 $F = f$. 这意味着 $f = F = 0$, 即第三个滑轮并不悬挂在任何物体上, 它连同其上的负载一起做自由落体运动, 加速度为 g.

注: 考虑滑轮的质量 (和其转动惯量) 将极大增加问题的复杂度. 我们在此不做随滑轮质量趋于零而底部滑轮加速度趋于 g 的证明 (但从数学的角度, 这是证明上述物理问题的解所必需的).

类似"不适定"问题在各个应用领域广泛存在, 即使只是"超静定"情况, 例如梁的重量在三个支撑柱间的分配.

数百篇论文提出了解决这类问题的算法, 并且为此建立的部分数学理论非常漂亮 (参见尼伦伯格最近的论文). 但它们实际适用的问题却千差万别.

克雷洛夫回忆说; 沃尔泰拉针对质量为 M、速度为 v 的火车通过铁路桥时的稳定性问题给出了严格的数学证明, 前提是 M 不太大.

但克雷洛夫指出,质量 M (在实例计算中)是 10 g:"这个定理是正确的,它的证明也是正确的,但它完全没有意义." 他此前已经计算出 M 的实际极限,即会造成桥梁倒塌的极限,只是当时缺乏对更小的 M 值严格的稳定性证明.

克雷洛夫的学生铁木辛柯计算了众多美国(最著名)的桥梁,包括塔科马海峡大桥的重建.塔科马大桥因颤振而垮塌,他的重建基于对问题本质的正确理解,而不是沃尔泰拉得到的界限.

流量的 有理数分流

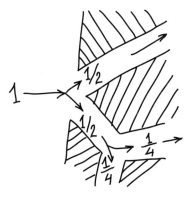

一个分流器(用于一群人通过走廊)每次将一个人送到左侧,下一个人送到右侧,使人流分为人流量相同而方向不同的两部分:

通过使用多个这样的分流器,可以分离出总流量的 1/4 或 1/8.

是否可能分离出总流量的 1/3?

解: 让我们联合使用两个分流器使得第一个分流器将整体输入二等分,第二个分流器将第一个分流器的其中一个输出二等分. 我们将两个 1/4 总流量的其中之一返回到第一个输入,使其包含在整体输入中.

假设系统的整体输入的强度 (流量) 为 1 (表示每分钟通过100个人). 记返回并重新通过第一个分流器的1/4

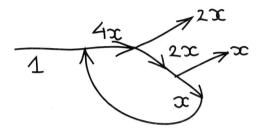

流量为 x.

因此, 整体输入流量 (进入第一个分流器的) 为

$$1 + x = 4x;$$

即 $x = 1/3$, 解决了以上问题.

注: 通过使用大量的标准二分流的分流器, 可以将总流量分为任意有理部分 $(x = p/q)$.

这些数学理论是消防专家在寻找核爆后地铁的最佳使用方法时发现的.

旅行到地球的中心

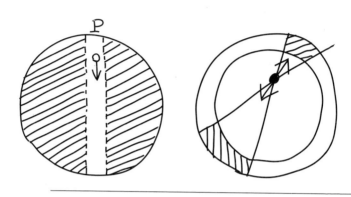

一块石头(无初速度地)落入井中,径直穿过整个球状行星.

试研究石块在万有引力作用下的运动(假设行星均质,即密度均一).

解: 根据牛顿定律,已经穿过的(均质)球壳对石块没有引力作用,只有还未经过的部分对石块产生吸引,作用效果等价于将该部分质量集中在行星中心.

记石块到行星中心的距离为 r. 于是石块还未经过的部分的体积(同理也有质量 M)与 r^3 成正比. 根据万有引力定律,随着 r 的增加行星中心等价集中质量相应减少, 引力的变化规律符合 $M/r^2 = r$.

因此, 井中石块的运动遵从胡克定律描述的引力场:

$$\ddot{r} = -\omega^2 r, \quad r = R\cos(\omega t),$$

其中振幅 R 为行星半径.

从而, 石块以行星中心为平衡点作简谐振动, 经过一个周期 $T = 2\pi/\omega$ 后回到初始点 P (并在经过半个周期时到达行星另一端).

为避免关于胡克引力场方程中系数 ω^2 的复杂计算, 不妨考虑沿绕行星过 P 点的大圆运动的临近卫星. 卫星的轨道运动向行星直径的正交投影恰为振幅为 R 的简谐振动. 在 P 点, 引力场对石块的作用和其对卫星的作用相同 (因为这时石块没有穿过任何球壳).

于是, 井中石块的振动周期 T 与邻近卫星完成一周圆周运动的时间相等 (若以地球为中心天体, 周期约为一个半小时).

以上牛顿定律的应用可以揭示土星环的奇特组成: 构成土星环的冰块的平均尺寸为 10 m 到 20 m.

事实上, 沿任意开普勒轨道运动的冰块 (轨道并不要求是圆形的) 可能会发生碰撞, 并且平均碰撞速度是由冰块的平均大小计算出来的: 取决于相近开普勒轨道上的运动速度的差异.

碰撞速度越高, 碰撞产生的碎片的运动速度就越快. 计算表明, 对于尺寸超过 20 m 的冰块, 其碎片的速度将超过逃逸速度 (逃离母体冰块需要的速度), 因此这样的冰块在发生碰撞后会变小.

而如果冰块的尺寸小于 10 m, 其碎片会以较低的速度飞出并最终落回来, 于是发生碰撞的两个冰块中至少有一个将变得更大.

正是以上动力学机制导致了位于每个环上的冰块的尺寸都不会过大或过小 (这一现象首先经上述计算提出, 随后在旅行者号执行任务的过程中观察到).

24 爆炸的 平均频率(参考 泽尔多维奇)与 德·西特空间

伯努利演化定律描述了一个包含爆炸的过程

$$\frac{dx}{dt} = a(t)x^2 + b(t)x + c(t).$$

例如方程 $\dot{x} = x^2$ 包含一个在有限时间发散到无穷的解；该解描述的爆炸过程为

$$(*) \qquad x(t) = \frac{x(0)}{1 - tx(0)}.$$

且该解可以(通过在复邻域绕过奇点 $t = 1/x(0)$)延拓到爆炸时刻之后.

在泽尔多维奇去世前不久, 他对于描述大时间尺度爆炸过程的上述方程的渐近特性的研究得出了以下结论(他主要考虑的是宇宙学).

假设系数 (a, b, c) 是关于时间 t 的光滑周期函数. 在较长一段时间 T 内发生爆炸的次数 N 的平均值为

$$\lim_{T \to \infty} \frac{N(T)}{T} = \overline{N}.$$

如果该段时间内的平均爆炸次数是有理数, 则这段过程是周期性的; 否则就是非周期性的.

解: 恰当的相空间 x 应为投影线, 即圆 $\mathbb{RP}^1 \approx S_x^1$ (包含点 $x = \infty$), 而非实数域 $\mathbb{R}$.

例如, $(*)$ 式表示的相流转换 (即 $x(0)$ 变换到 $x(t)$) 便是相空间的投影变换.

时间轴 t 也必须被假设为圆, 即系数的相变换的圆 $\mathbb{R}/(T\mathbb{Z}) \approx S_t^1$.

以上变换将描述演化的微分方程转化到乘积环 $T^2 = S_t^1 \times S_x^1$ 上的光滑方向场.

我们将庞加莱定理 (详见《常微分方程理论》附加章节, 英文译本名为《常微分方程理论的几何方法》)[1] 应用于环上的动力系统, 可以发现其庞加莱转数为 $\overline{N}$.

1 英文译者注: V. I. Arnold, *Additional Chapters of the Theory of Ordinary Differential Equations* (Nauka, Moscow, 1978) (俄文); *Geometrical Methods in the Theory of Ordinary Differential Equations* (Springer-Verlag, New York–Heidelberg–Berlin, 1983) (英文译本).

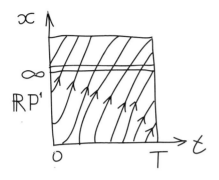

若转数为有理数,该系统将具有吸引子,即环上的一条闭合曲线,该曲线描述了整个过程的周期性演化.

注: 泽尔多维奇在去世的一周前求解出该问题.他在不知道庞加莱定理的情况下创造了上述证明,但并没有来得及发表.

有趣的是,此前没有一位数学家提到过庞加莱定理在这方面的应用.所以,关键是泽尔多维奇理论基于对相空间拓扑结构做了大胆改变:他将仿射线 ℝ 替换为与圆

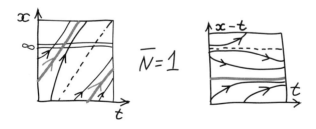

微分同胚的投影线 $\mathbb{RP}^1$.

数学家们并不喜欢这种对模型的变换(也许,把模型从欧几里得平面转换到双曲平面时除外);他们更倾向于研究已经用精确数学术语表述的问题.

相反,在物理学中,"同调和上同调都是旧物理领域,只是在无穷远处具有某种形式的奇点罢了"的观点早已深入人心.

但是,这里顺便提一个或许物理学家都不太熟悉的例子:双曲空间,它的点在无穷远处的延伸超出了(凯莱–克莱因模型的)绝对范围,是(相对的)德·西特空间.

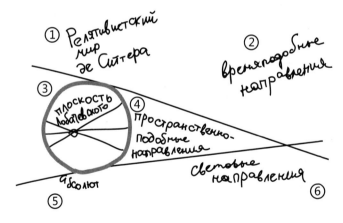

①德·西特空间. ②类时方向. ③双曲平面.
④类空方向. ⑤绝对界限. ⑥光线传播方向.

每个德·西特空间中与凯莱–克莱因模型变换到投影平面的盘互补的点,都是双曲空间模型绝对边界某两条切线的交点.这些切线区分了类时和类空方向,决定了德·西特相对空间的光测地线.

从拓扑学角度讲,上述 (与双曲平面互补) 的德·西特空间即为默比乌斯带(找投影平面某点邻域的补集,默比乌斯正是通过这种方法精确发现默比乌斯带的).

尼科洛戈尔斯基大桥上的伯努利喷泉

在乌宾斯克村附近的桥梁上,有 12 个排水孔用于排出积聚在步行道附近道路上的积水 (直到 2007 年 4 月). 在 1980 年的一场特大雷雨中,一个骑着自行车的人 (作者) 穿过那座桥时,决定去看看其中一个排水孔,观察水是如何流出的. 但是在这个排水孔中并没有水流出,反而每一个排水孔都冒出近 3 m 高的喷泉.

如何解释这 12 个喷泉?

解: 伯努利定律"更快的速度 = 更低的压强"解释了这是如何发生的. 一股强风沿河在桥上吹,而桥下几乎没有风,因为桥本身挡住了移动的空气. 因此,排水孔顶端 A 处的风速比底端 B 处的更大.

底端处的更大的压力产生了使喷泉喷出的推力.

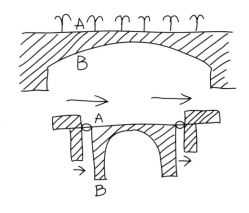

注1: 上述故事是由作者在我们驾车从尼克里纳格拉到诺夫达里尼奥通过大桥时叙述的, 驾车的人是安德列耶夫 (他发起了这本书的写作). 一名记者马鲁蒂安也听了这个故事.

这座桥和桥上的奇观 (俄罗斯画家列维坦也描绘过这一画面) 出现在 "文化" 电视台的电影《岛》中. 在电影中能够看到作者在解释什么, 但是此时的声音被关掉了, 以避免对观众讲不熟悉的引用伯努利定律的部分.

在 1980 年, 很少有人相信喷泉奇观 (它们只有在狂风吹过河面时才能出现) 的存在, 如今, 它们已经不会再出现了, 排水孔在 2007 年大桥维修时被封填了.

注2: 我们过桥几分钟后, 在路的右边观察到另一

个物体, 关于它的有趣故事也被电视台的人从节目中删除了.

就是说, 在公路穿过斯莱兹尼亚小河的地方, 在乌彭斯基村有一个池塘, 当时属于苏联部长会议. 沿着设备齐全的河岸, 有一条木板步行道, 人们喜欢在阳光下晒成棕褐色. 故事是这样的: 这就是鲍里斯·叶利钦掉入水中的步行道 (尽管传说"他是从尤彭斯科附近的高桥上被扔进莫斯科河的").

上述桥梁的高度约为 10 m, 因此坠落不会特别令人愉快, 而步行道与斯莱兹尼亚的河水之间的距离不到 1 m.

遗憾的是, 这条步行道没有出现在电影《岛》中. 但后来, 马鲁蒂安 (用我画的地图) 发现了蔓越莓沼泽, 它距离斯莱兹尼亚大约 15 km (靠近德米特罗夫斯基村, 紧挨着阿列克西主教居住的宫殿和哲德米特里[1]在从波兰来的路上遇见玛丽娜的那处教堂). 冰河湖在沼泽地的中央, 灌木环绕, 每年为我提供几桶蔓越莓, 在马鲁蒂安的电影中, 它看起来就像是卡累里亚的湖泊.

在那片沼泽地里, 除了蔓越莓灌木,

1 英文译者注: 哲德米特里 (在波兰支持下) 1605 年 至 1606 年间是俄国王位的篡位者, 玛丽娜是波兰贵族, 后来成为他的妻子.

还有大量的食肉毛毡苔——一种以粘在叶子上的活昆虫为食的沼泽草,然后叶子卷起(像捕鼠器)消化捕获的昆虫.

大约40年前,我还可以和驼鹿与野猪分享在这个冰河湖中游泳的乐趣,但现在野猪已被吃光了,而驼鹿在等我骑着自行车带着蔓越莓桶去湖中逛逛.

㉖ 三升的玻璃罐中的形状演化问题

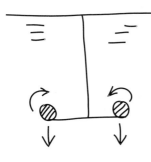

　　一个三升的玻璃罐中装满了水,在其水面上滴一滴墨水,并避免初始的冲击(通过精确地将液滴置放于水面同一高度).

　　液滴将如何下坠?

　　解: 起初,"悬挂"的液滴像一个小圆盘一样在水面上扩散,"聚集"到它中心,然后下沉几厘米.

　　水的阻力使下沉的液滴变平,直到它演变为一个绕经线旋转的着色圆环,从下面看环面被一层薄薄的墨水膜所包围,墨水的痕迹从环中心沿着液滴的路径向上延伸.

　　然后下沉环面的运动变得不稳定,并失去了对称性.通常,由对称的"甜甜圈"形状变为一圈相连的"香肠",每个都像最初的一滴液滴(但会继续旋转).

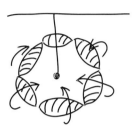

很快,这六个旋转的液滴中有一些会继续下沉,演化生成了一种由六个圆环面组成的类似"枝形吊灯"的形状.

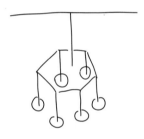

这些圆环面进一步的演化与第一个圆环面相同,此时"枝形吊灯"结构演变为两层.

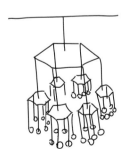

如果这个过程做得足够精细,确保罐子中的水已经稳定且静止不动,不要把手靠近容器,以免由于温度梯度引起水的运动,在这个普通的三升的玻璃罐中我们就能观察到,在上百个小圆环面到达杯底前演化出六层的枝形吊灯.

显然,此时描述的这个场景尚未有严格的数学证明,但是,它在实验中能够被准确地观察到.

例如,雷内·汤姆告诉我,他在达西·汤姆森的书《生长与演化》(*On Growth and Form*)中读到了对于这些现象的描述(其中,这些枝形吊灯的描述出现在对不同珊瑚生长的介绍前后)[1].

---

1 英文译者注: 实际上, 达西·汤姆森提到的是水母, 而不是珊瑚 (见 1942 年版《生长与演化》第 395 页).

利多夫的月球着陆问题

27

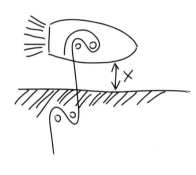

把船停泊在码头上的技术流程是：水手把缆绳抛到岸边，然后跳下船，把缆绳绕在系船柱上，并用手拉一两米的缆绳，把船拉到岸边.

试解释为何此手动控制停泊是基于唯一性定理的，且此定理(的结论)不利于停船的控制.

解: 结果是，由微分方程 $dx/dt = -x$ 在初始条件 $x(0) = 1$ 和 $x(0) = 0$ 分别积分得到积分曲线，电脑绘制的曲线图像在 $t = 30$ (甚至10)就会明显相交，我们甚至无法在曲线间放下一个原子.

运动控制理论是通过反馈回路调节接近岸边的速度 dx/dt，即，根据剩余的距离选择速度 $dx/dt = f(x)$.

考虑到这一点，假设函数 f 是光滑的(或者至少是利普希茨连续的),我们看到唯一性定理表明停泊过程所需的时间是无限的.

否则,我们需要保持非零的速度直至船到达并撞上码头 (因此,即使是手动控制停泊的情况下,仍需要在码头的边缘悬挂汽车轮胎).

注: 我的好朋友利多夫是一位杰出的弹道导航专家,他从事人造航天器、卫星、月球探测的轨道计算等工作.

在 1960 年左右,他告诉我: "在你的常微分方程课中的唯一性定理是完全错误的,尽管它有一个完美而严格的证明" (他补充说"我并不怀疑这个证明"). 作为确认,他向我描述了如下问题:

由于利多夫要将宇宙飞船着陆在月球上,他对船只停泊问题了如指掌.受控软着陆问题也与唯一性定理相矛盾. 所选择的实际方法是通过飞船的三只"腿"的低频振荡来减弱最终的碰撞.

利多夫在空间弹道学方面取得了许多显著成就.比如,他研究了"假月球"的演化过程.此人造地球卫星具有和月球相同的半长轴,而轨道倾角(轨道面与地球绕太阳所在平面的夹角)不再很小(不同于月球5°左右的轨道倾角),恰恰相反,为一个较大的值.

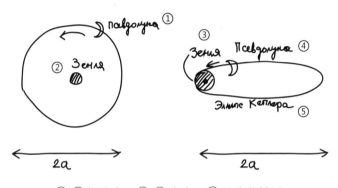

①,④假月球.　②,③地球.　⑤开普勒椭圆.

当倾角为80°时,利多夫分析得到了这样的结论:大约四年的时间,这样的假月球将会落到地球上(这是由于太阳摄动导致的其偏心率迅速增加).

利多夫的惊人结论并不与拉普拉斯定理相矛盾.拉普拉斯定理是关于(太阳的)摄动的轨道演化过程中轨道相对于其引力中心(地球)的平均半长轴 a 的不变性.

直至这颗假月球落到地球上,它的轨道平均半长轴仍保持不变($a \approx 380000\,\mathrm{km}$). 但是它的偏心率在四年中持续增长,从而轨道椭圆开始与地球相交(地球并非一个质点,其半径大约为$6400\,\mathrm{km}$).

冰川的前移和后退

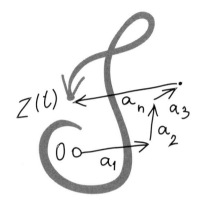

根据拉格朗日的平面 n 体行星轨道长期摄动理论, 连接太阳和各个行星开普勒椭圆轨道瞬时中心的拉普拉斯向量 z, 是运动平面内 n 个固定长度 $a_k\,(k=1,\cdots,n)$ 的 (有角速度 ω_k 的) 旋转向量的和:

$$z = \sum_{k=1}^{n} a_k e^{i\omega_k t}$$

(用平面内的复数坐标 z 表示).

与 $|z|$ 成比例的偏心距的长度, 以及近日点的方位角 $\varphi(t) = \arg z$, 都随时间而发生复杂的变化.

拉格朗日假设上述运动存在平均值,

$$\Omega = \lim_{t\to\infty} \frac{\varphi(t)}{t},$$

并提出计算近日点运动的角速度的平均值.

拉普拉斯向量 $z(t)$ 的演化是造成冰川迁移的原因之一, 因为当该向量较大时, 与之对应的开普勒椭圆的偏心率也较大, 于是行星远离太阳的时间将增长, 平均温度下降.

例如, 太阳辐射传播到圣彼得堡所在纬度的总能量 (在十几世纪中) 会在传播到泰米尔和基辅所在纬度的太阳辐射总能量之间波动.[1]

注: 求近日点平均角速度, 如果求和的向量中有一个的模长大于其他向量模长之和 (即 $|a_j| > \sum_{k \neq j} |a_k|$), 那么结果就是这个加数 a_j (拉格朗日).

在实际太阳系中, 大多数行星的确如此. 但是对于地球和金星, 因为有几个加数的长度大致相同, 所以如下问题将至少对三个行星有意义, 即 $|a_1|, |a_2|, |a_3|$ 是三角形的三边长:

外尔解决了这种情况存在的问题, 他提出解应该具有加权算术平均的形式

$(*) \qquad \Omega = p_1 \omega_1 + p_2 \omega_2 + p_3 \omega_3,$

1 英文译者注: 泰米尔半岛大约处于北纬 75°.

权重与上述三角形的角度成正比:

$$p_j = \alpha_j/\pi.$$

平均角速度的值(不依赖于初始位置的旋转向量)从几乎所有(在勒贝格度量的意义上)的角速度值 ω_k 得到(它们具有足够的计算独立性,即不存在整数系数 $m \neq 0$ 使得出现

$$m_1\omega_1 + m_2\omega_2 + m_3\omega_3 = 0$$

这样的共振状态).

在存在共振的情况下,结果可能取决于初始条件,但仍然是相同的(如果对旋转向量的初始位置求平均值).

如果存在超过三个不太长的加数(即如果 $|a_j| < \sum_{k \neq j} |a_k|$),答案也由与 (*) 式类似的角速度算术加权平均给出,但三角形顶角的角色将由"广义角" p_k 代替.

考虑 $(n-1)$ 维环 T^{n-1} 和角坐标 φ_k, $k \neq j$. 构造基于环上点 φ 的向量

$$\xi(\varphi) = \sum_{k \neq j} a_k e^{i\varphi_k}.$$

对于有关 j 的点 φ, 其向量长小于模长 $|a_j|$:

$$|\xi(\varphi)| < |a_j|.$$

权重 p_j 是对这一系列有关 j 的点 φ 的度量 (经过缩放使环上的度量为 1).

对于 $n = 3$ 的情形, 上述定义决定了权重 $h_j = \alpha_j / \pi$ 是容易计算的.

可以断言, 对任意真实的 n, 权重的和 $p_1 + \cdots + p_n$ 等于 1, 不过这个结论并不是显而易见的 (尽管可以采取使独立的角速度 ω_j 接近 ω 的方法来证明权重 p_j 的上述等式).

外尔在两篇长文中对近日点的平均运动给出了一个详细的解决方案, 下面我们仅进行简述. 为了简单起见, 我们考虑 $n = 3$ 的情况.

考虑三维环 T^3 与角坐标 $\varphi_1, \varphi_2, \varphi_3$, 其上的向量场有旋转角速度 $\omega_1, \omega_2, \omega_3$:

$$\dot{\varphi}_1 = \omega_1, \quad \dot{\varphi}_2 = \omega_2, \quad \dot{\varphi}_3 = \omega_3.$$

对环上的每个点指定复数

$$w(\varphi) = a_1 e^{i\varphi_1} + a_2 e^{i\varphi_2} + a_3 e^{i\varphi_3}.$$

当 $w(\varphi) \neq 0$ 时该复数的辐角也是确定的 (以 2π 的某整数倍为上限).

而 $w(\varphi) = 0$ 对应的点 φ 则构成了环上的一条封闭

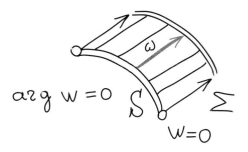

曲线,并且是复数 w 为正(且辐角 $\arg w(\varphi) = 0$)的面域 S 的边界.

该面域(在辐角增加的方向上)是共向的.对于任意面 S 上的点,引入角速度向量

$$\omega = \omega_1 \frac{\partial}{\partial \varphi_1} + \omega_2 \frac{\partial}{\partial \varphi_2} + \omega_3 \frac{\partial}{\partial \varphi_3}.$$

所有上述引入的向量形成了环 T^3 上的 3-链 Σ(可能存在自交叉或不光滑).在环 T^3 上定义函数 f,各个点 φ 处的函数值等于上述链经过该点的次数(如图中,在散列域上 $f = 1$,其余各处均有 $f = 0$).

均值 Ω(以 2π 的某整数倍为上限)此时是上面的构造函数 f 沿着轨道的动力系统 $\varphi(t) = \varphi(0) + \omega t$ 关于时间的平均.

频率的独立性意味着这种(勒贝格度量保持)动力学是遍历的,因此时间均值与空间均值是一致的.

空间均值依赖于构造链和环上的平均函数 f 的频率向量 ω.

然而对向量 ω 的依赖是线性的 (例如, 遵从 f 随向量 ω 沿面域 S 流动的积分).

因此, 为了计算空间均值, 可以计算其在三个基础向量 $\omega = \frac{\partial}{\partial \varphi_k}$ 上的值 (而不用再针对对应向量场的流动做遍历).

上述最后的计算很简单; 例如, 如果只有一个加数是旋转的, 那么假设该加数小于另外两个的和, 则三个加数的平均旋转为 0.

现在, 如果加数 A_3 大于另外两个的和, 那么平均旋转将与该旋转加数的角速度 ω_3 一致.

因此, (对于 $|A_1| + |A_2| < |A_3|$) 平均值 (在加数 A_1 和 A_2 近乎静止的各个方向上) 与方向 φ_1 和 φ_2 这部分一致, 同时这部分为 α/π, 即, 边 $|A_3| = |a_3|$ 对应的顶角与边 $|a_1|,|a_2|$ 和 $|a_3|$ 组成的三角形的内角和之比.

关于遍历理论的评论

外尔利用各态"遍历理论"的一些观念完成了近日点平均运动的上述计算, 这些观念能够把问题归结为寻求一个合适的函数在环上的动力系统 $\varphi \mapsto \varphi + \omega t$ 之相空间 T^3 中的空间均值.

空间均值往往比时间均值更易求得. 统计物理的概念都是基于此建立的. (沿混沌动力系统的轨道的) 时间均值与 (整个相空间) 的空间均值一致, 都被物理学家认为是不言而喻的, 并且 (自玻尔兹曼时期起) 他们常常应用上述"遍历"的推测.

但数学家们知道, 不同类型均值的一致性并不总是成立的: 系统存在"遍历性"是必要条件, 但即使满足遍历性也不能保证两种均值的一致性在动力学的任何初始条件下都成立 (虽然能保证在大多数初始条件下都是成立的).

在环 T^n 上的等速运动 $\varphi \mapsto \varphi + \omega t$ (频率 ω_k 独立) 这种特殊情况中, 外尔证明了对体积为 1 的空间内任意连续 (或至少黎曼可积) 的函数 $f : T^n \to \mathbb{R}$ 时间和空间均值的一致性:

$$\lim_{T \to \infty} \left(\frac{1}{T} \int_0^T f(\varphi + \omega t) dt \right) = \int_{T^n} \cdots \int f(\varphi) d\varphi.$$

例: 令 f 是环上 (黎曼可测) 的域 X 的特征函数

$$\begin{cases} f(\varphi) = 1, & \varphi \in X, \\ f(\varphi) = 0, & \varphi \in T^n \setminus X. \end{cases}$$

那么等号左边的积分就表示在时间段 $0 \leqslant t \leqslant T$ 内动力系统 $\varphi \mapsto \varphi + \omega t$ 的轨道在域 X 上的时间.

于是左边的极限即为在整个无限时间范围 $t \geqslant 0$ 内轨道在域 X 上的时间比例.

而等号右边部分的积分,对于上述域 X 上的特征函数,等于在该域上的体积.如果整个相空间(此处为 T^n)的体积为 1,那么该积分也表示域 X 占整个相空间的比例.

特征函数的时间均值(等号左边)与空间均值(等号右边)的一致性可以看作所研究动力系统的轨道在相空间中分布的均等性.如果动力系统 (对任意黎曼可测域 X)具有均匀分布的性质,那么动点在相空间各个部分运动的时间与各部分的体积成正比.

动力系统的轨道在相空间的均匀分布性意味着所有(至少黎曼可测的) 函数的时间和空间均值的一致性.这是因为这样的函数可以用几个域的特征函数的线性组合来近似.

证明动力系统 $\varphi \mapsto \varphi + \omega t$ 均匀分布性的同时, 外尔得到了关于离散空间中均匀分布的动力系统的相似结论

$$g: T^n \to T^n, \quad g(\varphi) = \varphi + \lambda.$$

当旋转向量 λ 具有如下组分独立性时,环 T^n 上动力

系统的轨道将均匀分布: 整系数的线性组合

$$m_1\lambda_1 + \cdots + m_n\lambda_n + m_0$$

当且仅当向量 $m \in \mathbb{Z}^n$ 为零时才为零.

例: 对于 $n = 1$, 变换 g 是沿圆的旋转, 独立性条件为旋转角度必须不能整除平角 (如 2π).

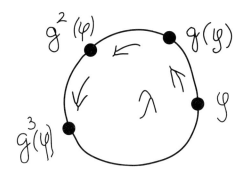

几何级数的
遍历理论

考虑几何级数 2^t $(t = 0, 1, 2, \cdots)$ 每一项的首位数字

$$1, 2, 4, 8, 1, 3, 6, 1, 2, 5, 1, 2, \cdots.$$

该序列中首位数字是 1 的项占总项数的多少比例? 在前十项中有三个, 进而求极限 $p_1 = \lim\limits_{T \to \infty}$ (级数 2^t 的前 T 项中首位数字为 1 的项数).

解: 考虑对上述级数取以 10 为底的对数: $\lg 2^t = t\lambda$, 其中 $\lambda = \lg 2$.

如果正数 z 满足 $k10^a \leqslant z < (k+1)10^a$, 其中 a 是整数, 则 z 的首位数字等于 k. 换句话说, $a + \lg k \leqslant \lg z < a + \lg(k+1)$, 即 $\lg z$ 的小数部分应处于如下长度的区间:

$$p_k = \lg(k+1) - \lg k = \lg(1 + 1/k).$$

$\lambda = \lg 2$ 是无理数 (否则将存在 $10^{p/q} = 2$; 即 $10^p = 2^q$, 这对于正整数 p 是不可能的, 因为 2^q 不能被 5 整除).

根据外尔定理, 小数部分循环落在 $\mathbb{R}/\mathbb{Z}$ 上的序列 $\{t\lambda\}$, $t = 0, 1, 2, \cdots$ 是均匀分布的. 由于轨迹的分布也是均匀的, 轨迹落在小数部分的区间 $[0, \lg 2)$ 上的比例等于区间长度 $p_1 = \lg 2 \approx 0.30$.

因此在几何级数 2^t 中大约有 30% 的项的首位数字为 1.

注: 同理, 用空间平均域的方法可以得到首位数字是 2 的项的比例 p_2, 首位数字是 3 的项的比例 p_3, 等等,

$$p_k = \lg(k+1) - \lg k = \lg(1 + 1/k):$$

k	1	2	3	4	5	6	7	8	9
$100p_k$	30	18	12	10	8	7	6	5	4

对于公比不是 2 的其他几何级数 a^t 的情况 (比如令 $a = 3$), 首位数字为 k 的项占总项数的比例 p_k 与几何级数 2^t 的情况是相同的. 唯一需要注意的是, 公比 a 不能等于 10 的任何有理数幂: 为了保证轨迹分布的均匀性, 对应循环动力系统的变换 $\lambda = \lg a$ 必须是无理数.

注: 在美国, 外尔定理通常被称为 "本福特定律", 以纪念这位 (大约在 1930 年) 注意到图书馆对数表的第一

页总是比最后一页脏的物理学家.他将其解释为以"1"开头的"随机数"的出现次数比其他数字多,因此需要更频繁地从第一页中找数字的对数.

但本福特的猜测并不正确:例如,在河流长度或山脉高度的统计数据中,第一个数字为1和为9的数据数量相当.

这里的命名遵从"命名原则": 新事物不以其发现者命名,而得名于那些为其命名的人 (例如美国不叫哥伦比亚).

英国物理学家贝里称命名原则为 "阿诺尔德原理",并增加副命名 "贝里原理".

贝里命名原则声称 "阿诺尔德原理适用于其自身" (Arnold's Principle is applicable to itself) (即说明该原理不是阿诺尔德提出的).

依据马尔萨斯定律的世界划分

考虑世界上所有国家,并计算其中多少国家人口数量的首位数字是 k.

如几何级数 2^t 和上一章的表格所示,可以证明这些国家所占的比例为 $p_k = \lg(1 + 1/k)$.

解: 根据马尔萨斯定律,一个国家的人口数将按几何级数随时间增长,因此人口数量的首位是 k 的比例为 p_k.

根据遍历理论,时间均值(每个国家多年来的平均情况)等于空间均值(世界上所有国家的平均情况).

注: 除了描述国家人口外,其他情景也有对应的数字序列,比如山脉的高度或河流的长度,或者书架上最喜欢的书的页数.

在这些情景中,各个数字出现在首位的频率几乎一样 $p_1 = p_2 = \cdots = p_9 = 1/9$ (而对于人口数,首位数字是

1 的出现次数是 9 的 7 ~ 8 倍).

这是由于 $p_k = \lg(1 + 1/k)$ 是针对几何级数的特征, 而河流、山脉或书都不符合.

神奇之处是, 各国的国土面积 (无论以平方千米、平方英里或平方英寸为单位) 的首位数字符合几何级数的分布特征.

这种现象或许可以解释为: 天下大势, 分久必合 (当面积相当的国家合并时, 可以看作公比为 2 的几何级数增长), 合久必分 (对应几何级数减少, 这种情况下对数小数部分的分布也满足均匀性).

基于最简单的世界划分模型, 上述分布规律可以被证明是正确的. 不仅如此, 计算机仿真[1]表明这种分布也会出现在更复杂的模型中 (例如加入一个国家只能与邻国合并的条件), 尽管还没有人证明在这些情景中分布 $p_k = \lg(1 + 1/k)$ 依然成立.

1 由 (意大利) 西斯蒂亚纳
   的艾卡迪和 (加拿大) 多
   伦多的柯西纳实现.

31 宇宙的渗透和流体动力学

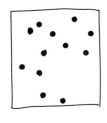

考虑在某个欧几里得空间中的 N 个点 (比如, 单位立方体 $I^n \subset \mathbb{R}^n$, 即欧几里得空间中的方形).

如果 r 足够小, 那么以这些点为中心的半径为 r 的球体并不相交.

如果 r 逐渐增大, 不仅仅某些球体相交, 而且某些相交的球体形成了一维 (阶) 链, 沿着这条链, 可以从立方体的一侧到达相反的另一侧.

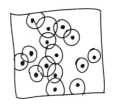

在这种情形下, 我们即认为发生了渗透: 如果容器内充满物质的给定区域有 N 个故障源, 每个故障源已增长到半径为 r 的球形大小, 那么当渗透发生时, 容器开始

泄露.

点系统的渗透半径是当渗透发生时以这些点为中心的球体的最小半径.

渗透半径不仅取决于点的个数,还取决于这些点位置的几何分布.

接下来讨论的问题是对于容器中物质渗透中心的不同位置分布,渗透半径是如何随点数的增大而降低的.

对于充满正方体的 N 个点组成的规则点阵,相邻点的距离正比于 $1/\sqrt[3]{N}$,因此渗透半径正比于 $N^{-1/3}$.

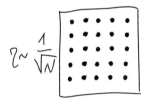

这个结论对于更不规则的位置分布,甚至随机放入立方体的点的位置分布仍是正确的: 在 I^n 空间中 N 个点系统的渗透半径随 $N \to \infty$ 以某种规律降低,类似于 $C/N^{1/n}$.

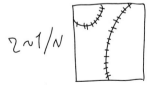

如果 n 个渗透中心不是混乱地排布在立方体 I^3 中,而是沿一条光滑曲线,那么渗透半径将会更小,即 C/N.

当这 n 个渗透中心分布在一个立方体 I^3 中的光滑曲面上时,随着 $N \to \infty$ 渗透半径将会以介于上述两种情况之间的速度降低: $r \sim C/N^{1/2}$ (对于分布在 I^k 空间中的 k 维子流形上的 N 个中心,同样的论述可以得到渗透半径正比于 $1/N^{1/k}$).

上述结果的严谨的数学证明并不简单,主要是由于必须定义什么是子流形中"随机填充" N 个点,什么样的子流形是可用的.

但是物理学家、化学家和天文学家们没有关心其严格的证明,勇敢地使用了这样的"随机几何",并取得了壮观非凡的成果.

例如,在宇宙学中,理解星系在宇宙中是如何分布的是很重要的:它们是否倾向于沿某些表面或线条分布,还是星系聚集在靠近离散点的地方,还是均匀地分布在任何地方,类似于之前例子中将 N 个点随机放入立方体中.

这些星系聚集问题的答案将能够解释关于它们起源的极其困难的问题.

天文学家观测到的星系分布的第一个特点是在它们

之间存在巨大的空位, 即没有星系出现的空穴.

这些空穴引发了这样的想法: 由于某种原因, 更倾向于沿着某些特殊的二维表面或一维曲线 (它们可以相交, 形成网络), 而不是随机分布.

天文学家和宇宙学家已经计算了数千个观测到的星系系统的渗透半径. 通过比较观测到的星系中的点数 N 和渗透半径, 得到了它们聚集的流形的维数. 结果表明, 渗透半径为 C/N^α 的数量级, 其中 $1/2 < \alpha < 1$.

这意味着流形是 "1.5 维": 显然, 它是一个不太平滑的曲面 ($\dim = 2$), 在其附近星系的密度高于互补的 "空" 区域; 然而, 在该表面上有 (聚集而成的) 线 ($\dim = 1$), 线上的密度大于表面上的密度 (不排除这些线的奇异点 ($\dim = 0$) 附近的密度增加得更多).

通过对星系空间分布的详细分析 (和 "宇宙流体动力学" 的分析, 它通过 "大爆炸" 之后宇宙中某些部分的速度场不均匀性解释了这些密度奇点的起源), 所有计算出的渗透半径值结果均已得到证明.

基于渗透半径的数学方法相对于直接观察所得的空间分布优势在于, 人类倾向于主观地将相互靠近的物体结合成更方便的结构. (例如, 通过将星空划分为主观定义的星座:在中国,北斗七星早就被划分为两个星座:马和帝车.)

渗透法则通过研究对象的客观特征取代这些主观确定的结构,而不取决于研究者的主观意见.

㉜ 布丰问题与积分几何学

我们将长度为 1 的针随机地扔在画满相距为 1 的平行线的纸上.

不断重复这个实验 $(N \to \infty)$, 求针与线相交的次数 M 随着 N 增长的规律?

解: 答案出人意料:

$$\lim_{N \to \infty} \frac{M}{N} = \frac{2}{\pi},$$

这意味着, 扔针一百万次就可以得到 π 的近似值.

下面来解释这个令人惊讶的答案. 显然, 当 $N \to \infty$ 时, 相交的次数 $M(N)$ 为 cN (常数 c 等于单次实验中针落在线上的概率).

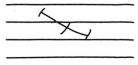

我们用两倍长的针来代替之前长度为1的针.那么相交的概率会翻倍(就平均值来说),因为"额外"一半的、长度为1的针的落点也是完全随机的,所以会产生与原先长度为1的针完全相同的相交次数.

这长度为2的针也不必是直的.我们可以从中点将其折成一个钩子的形状,两段依然会分别有相同(就平均值来说)的相交次数,加起来也是之前的两倍.

由上述论证可知,扔无论任何形状的长度为l的针,我们都能得到:当$N \to \infty$时会有cNl次相交.

有一种特殊情况,即我们扔的是直径为1的圆圈.这个圆的长度是π,以此类推在扔了N次之后会产生$cM\pi$次相交.

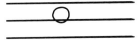

而每个这样的圆圈,无论你怎么扔都会与线相交两次.

由此我们可以证明:

$$cN\pi = 2N,$$

也就是像上文所说的那样, $c = \frac{2}{\pi}$.

上述的布丰问题开启了一个全新的数学分支——积分几何学.

这类科学并不是来自对某些公理的研究, 而是源于某些人 (比如说专业和数学相去甚远的研究者) 对理解一些简单问题的渴望.

现今, 积分几何学是理论数学中最有活力的分支之一. 而且它经常应用于科学的其他分支, 例如通过二维横截面或者层析统计来分析晶体或动植物的复杂结构 (包括研究由随机光源产生的随机投影或一束随机照在研究对象上的光的反射光).

平均投影面积

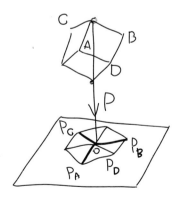

$\circled{33}$

请求出边长为 1 的立方体在任意平面上的垂直投影面积.

解: 就像在布丰问题中讨论的那样, 我们推断平均投影面积取决于被投影物体 (凸面体) 的表面积而非其形状.

因此, 立方体的平均投影面积比它的表面积要小许多, 就像球的过球心截面面积远小于其表面积一样.

对于半径为 1 的球体, 过其球心的截面 (半径为 1 的圆盘) 面积为 π. 而半径为 1 的球体的表面积为 4π.

因此平均投影面积是表面积的 $\frac{1}{4}$. 立方体的表面积为 6, 所以单位立方体的平均投影面积是 $\frac{3}{2}$.

注: 当投影方向沿着立方体的一条棱时, 投影面积为最小值 (等于 1). 当投影方向

沿着立方体对角线时得到的六边形投影有最大值.

与投影方向垂直的立方体面的对角线保持其原长:

$$|P_AP_B| = |AB| = \sqrt{2}.$$

在等边三角形 OP_AP_D 中, 可得

$$|OP_D| = \frac{2\left(\frac{|P_AP_B|}{2}\right)}{\sqrt{3}} = \sqrt{\frac{2}{3}}$$

(因为 $\tan 60° = \sqrt{3}$).

这个三角形的面积为

$$\frac{1}{2} \cdot \frac{\sqrt{2}}{2} \cdot \sqrt{\frac{2}{3}} = \frac{1}{2\sqrt{3}}.$$

整个投影 P 的面积为 $\frac{6}{2\sqrt{3}} = \sqrt{3}$.

因此, 我们得到的平均投影面积 $\frac{3}{2}$ 大于最小投影面积 (等于 1) 且小于最大投影面积 (等于 $\sqrt{3}$).

这印证了上文中关于"布丰问题和积分几何学"中问题的解答. 在物理学中, 这种平均值与极端情况的对比是所有研究中的重要部分, 数学家应该牢记.

对于欧几里得空间 $\mathbb{R}^n$ 中曲面的光滑边界, 我们研究 k 维体积 S_k 在任意 k 平面上的垂直投影面积.

结果是这个平均值 (对于所有 k 平面是等概率的) 存在. 例如在 $\mathbb{R}^3$ 中的任何曲面的平均投影面积和平均投影长度是确定的.

这些平均k体积等于主曲率的对称函数在整个表面上的平均值.

它们还出现在了曲面的h邻域(令人吃惊)的体积表达式中:

$$V(h) = V_0 + V_1 h + V_2 h^2 + \cdots + V_n h^n$$

(其中V_0是曲面的体积, V_1是其边界的$(n-1)$维体积, 且与体积等于1时的平均值成正比, V_k与S_k成正比且可以由k个主曲率乘积的平均值表示).

在$n = 3$的情况中, 也就是在三维欧几里得空间中的二维光滑曲面, 由各点的主曲率k_1与k_2, 我们可以得到平均曲率$k_1 + k_2$与高斯曲率$K = k_1 k_2$.

在这种情况中, h邻域的体积为

$$V(h) = V_0 + hS + h^2 V_2 + h^3 V_3,$$

其中V_2正比于平均曲率在整个表面上的积分, V_3正比于高斯曲率的积分:

$$V_3 = \frac{4}{3}\pi \left(\iint K \, dS \right).$$

因此对于半径为R的球面, 我们有

$$V(h) = \frac{4}{3}\pi(R+h)^3 = \frac{4}{3}\pi R^3 + h(4\pi R^2) + h^2(4\pi R) + \frac{4}{3}\pi h^3.$$

在此

$$k_1 = k_2 = \frac{1}{R}, \quad k_1 + k_2 = \frac{2}{R}, \quad k_1 k_2 = \frac{1}{R^2},$$

$$\iint (k_1 + k_2)\, dS = 8\pi R,$$

$$\iint (k_1 k_2)\, dS = 4\pi$$

(这是高斯–博内公式).

参数 V_3 不取决于曲面的细节, 而只取决于欧拉特性. 这一发现令赫尔曼·外尔在他研究 $V(h)$ 的文章 "管子的体积" [1] 中提出了特征数和特征类的理论, 而这个理论衍生了高斯–博内公式.

---

1 英文译者注: H. Weyl, "On the volume of tubes," Amer. J. of Math. 61(2), 461–472 (1939).

34 势能的数学理解

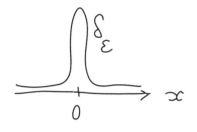

物理中质点和电荷的数学模型称为 δ-函数.

物理学家说, 对于任意 $x \neq 0$ 有 $\delta(x) = 0$, 同时有

$$\int_{-\infty}^{+\infty} \delta(x)\, dx = 1.$$

在数学里没有这样的函数. 数学上是这样理解的: 如果一个公式包含 δ-函数, 为了使其有意义, 需要将 δ-函数用它的"光滑版本" $\delta_\varepsilon(x)$ 代替, 其中 δ_ε 是光滑非负函数, 在零点的 ε-邻域之外都等于零, 其积分等于1, 然后令 $\varepsilon \to 0$ 求极限.

例: 设 f 是实数轴上的连续函数, 请计算

$$\int_{-\infty}^{+\infty} f(x)\delta(x - y)\, dx.$$

解: 函数 $\delta_\varepsilon(x-y)$ 是 x 的光滑 δ-函数, 从零点移动到了 y 点.

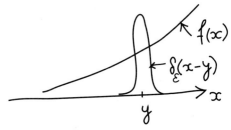

当 $|x-y| \geqslant \varepsilon$ 时, $f(x)\delta_\varepsilon(x-y) = 0$, 所以只需在 x 轴上 y 点的 ε-邻域内计算积分. 而在该邻域内 $f(x)$ 与 $f(y)$ 的差别极小, 故

$$\lim_{\varepsilon \to 0} \int_{-\infty}^{+\infty} f(x)\delta_\varepsilon(x-y) \, dx = f(y) \int_{-\infty}^{+\infty} \delta_\varepsilon(x-y) \, dx$$
$$= f(y).$$

这样我们就证明了一个等式:

$$f(y) = \int_{-\infty}^{+\infty} f(x)\delta(x-y) \, dx.$$

注: 如果我们是物理学家, 我们会将此等式读作: 任意以 y 为自变量的(连续)函数 f 都是以 y 为自变量的 δ-函数的线性组合, 该 δ-函数将所有 x 点平移到 y 轴($\delta(x-y)$ 就是以 y 为自变量的平移函数). 函数 $f(x)$ 在所有点的值就是该线性组合的系数.

习题: 试计算函数 $|x|$ 对 x 的二阶导数.

解: 函数 $|x|$ 的一阶导数 $\text{sgn}\, x$ 在 $x > 0$ 时为 1, 在 $x < 0$ 时为 -1. 一阶导数是二阶导数的积分, 就是说, 当 $x \neq 0$ 时, 二阶导数等于零, 并且从任意 $a < 0$ 到任意 $b > 0$ 的积分都等于 2 (函数 $\text{sgn}\, x$ 的增量). 因此,

$$\frac{d^2|x|}{dx^2} = 2\delta(x).$$

习题: δ-函数是不是齐次函数?

如果对任意的 $c > 0$, 都有 $f(cx) = c^k f(x)$, 则称 f 是 k 次齐次函数. 比如, $1/x$ 是 $k = -1$ 次的齐次函数.

解: 我们用 $\delta_\varepsilon(2x)$ 来近似 $\delta(2x)$, 这个 "δ-形" 函数的图形由 δ_ε 做 2 倍压缩得到:

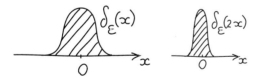

可以发现, 对于任意 $x \neq 0$ 函数 $\delta(2x) = 0$, 而它沿着实轴的积分是 $\delta(x)$ 积分 (等于 1) 的一半. 于是有

$$\delta(2x) = \frac{1}{2}\delta(x), \quad \delta(cx) = \frac{1}{c}\delta(x).$$

可见, δ-函数是 -1 次齐次的.

习题: n 个变量的 δ-函数 (在 $\mathbb{R}^n$ 空间除了零点以外的各处均等于零, 积分等于1) 是不是齐次函数?

答: 这个函数是 $-n$ 次齐次的.

这个结论的证明如同上面 $n = 1$ 的情形, 但也可以应用如下很容易证明的关系式

$$\delta(x_1, x_2, \cdots, x_n) = \delta(x_1)\delta(x_2)\cdots\delta(x_n)$$

—— 要知道, k 次齐次函数与 l 次齐次函数之积是 $k + l$ 次齐次函数.

拉普拉斯算子: 设 f 是 (n 维) 欧几里得空间中的光滑函数. 考虑以 x 为中心、以 r 为半径的小球域. f 在此邻域内的平均值接近但不精确等于它在中心点的值.

习题: 当 $r \to 0$ 时平均值与中心值之差是什么量级?

解: 当 $n = 1$ 时, 平均值为

$$\hat{f}(r) = \frac{f(x + r) + f(x - r)}{2}.$$

将 f 展开为泰勒级数 $f(x + r) = f(x) + rf'(x) + \frac{r^2}{2}f''(x) + \cdots$ 可得

$$\hat{f}(r) = f(x) + \frac{r^2}{2}f''(x) + o(r^2),$$

于是可得

$$\hat{f}(r) - f(x) = \frac{r^2}{2}f''(x) + o(r^2)$$

是球域半径 r 的二阶小量.

对于任意 n 的情形, 可以几乎完全一样地讨论. 泰勒级数的线性项在球域中心的值为零, 这是因为它在球域内对称点的取值符号相反.

三阶项以及更高阶项包含在比 r^2 更小的 $o(r^2)$ 中. 于是有 $\hat{f}(r) - f(x) = Kr^2 + o(r^2)$ 是二阶小量.

系数 K 称为拉普拉斯算子 Δf (在中心点 x) 的值 (适当归一化).

习题: 计算系数 K 并用函数 f 的二阶偏导数表示.

解: 我们需要将泰勒级数中包含二阶量 (用自变量的增量表达) 的各项在半径为 r 的球域内做平均化处理.

为了方便起见, 我们假设球域中心为 0, 向量增量的笛卡儿坐标用 (x, y) 表示 ($n = 2$).

函数 x^2 和 y^2 在球域 (圆) 内的平均值相同, 而函数 xy 的平均值为 0 (因为 x 的符号改变会导致函数值符号的改变).

由于 $x^2 + y^2$ 在球域 (圆) $\{x^2 + y^2 = r^2\}$ 内的平均值是 r^2, 故 x^2, y^2, xy 在此域内的平均值分别为 $r^2/2, r^2/2, 0$. 泰勒公式可给出二阶贡献:

$$\frac{\partial^2 f}{\partial x^2} \frac{x^2}{2} + \frac{\partial^2 f}{\partial y^2} \frac{y^2}{2} + \frac{\partial^2 f}{\partial x \partial y} xy,$$

其平均值为

$$\frac{\partial^2 f}{\partial x^2}\frac{r^2}{4} + \frac{\partial^2 f}{\partial y^2}\frac{r^2}{4},$$

由此可得 ($n = 2$ 的情况下) 系数 K 的表达式:

$$K = \frac{1}{4}\left(\frac{\partial^2 f}{\partial x^2} + \frac{\partial^2 f}{\partial y^2}\right).$$

用同样的方法, 对于任意 n 的情形, 可以用 n 维欧几里得空间中笛卡儿正交坐标 $(x_1, x_2, \cdots, x_n)$ 给出答案:

$$K = \frac{1}{2n}\left(\frac{\partial^2 f}{\partial x_1^2} + \frac{\partial^2 f}{\partial x_2^2} + \cdots + \frac{\partial^2 f}{\partial x_n^2}\right)$$

(函数 x_1^2 在球域 $x_1^2 + \cdots + x_n^2 = r^2$ 内的平均值是 r^2/n).

习题: 求方程 $\Delta u = \delta$ 在欧几里得空间 $\mathbb{R}^n$ 中的球对称解.

解: 在 $\mathbb{R}^n \setminus 0$ 空间中任意球对称函数的形式为

$$u(x_1, x_2, \cdots, x_n) = f(r).$$

函数 f 满足的方程 $\Delta u = 0$ 给出二阶常微分方程, 有 2 个线性无关的解. $f \equiv 1$ 显然是一个解, 下面求满足方程 $\Delta u = \delta$ 的齐次函数 u, 作为第二个解.

如果函数 u 是 k 次齐次的, 则 Δu 就是 $k - 2$ 次齐次函数.

因为 $\mathbb{R}^n$ 空间的 δ-函数是 $-n$ 次齐次函数, 则 u 必定是 $2-n$ 次齐次函数. 因此, 对于 $n \neq 2$, 可得

$$f(r) = cr^{2-n}.$$

我们来计算常数 c. 注意到 $\Delta u = \operatorname{div} \operatorname{grad} u$, 函数 r^{2-n} 的梯度是球对称场, 其分量为 $1-n$ 次齐次:

$$\operatorname{grad} r^{2-n} = c_1 x r^{-n}.$$

系数 c_1 是由这个场在 x_1 轴上的行为确定的. 在 x_1 轴上 $r^{2-n} = x_1^{2-n}$, 于是

$$\frac{dx_1^{2-n}}{dx_1} = (2-n)x_1^{1-n} = (2-n)xr^{-n},$$

可见, $c_1 = 2 - n$.

向量场 $\operatorname{grad} r^{2-n}$ 通过任意半径为 r 的球面 $x_1^2 + \cdots + x_n^2 = r^2$ 的通量等于 $(2-n)r^{1-n}$ 与半径为 r 的 $(n-1)$ 维球的体积之积, 即

$$(2-n) \cdot \omega(n-1),$$

其中 $\omega(n-1)$ 是半径为 1 的 $(n-1)$ 维球的体积:

n	1	2	3
$\omega(n-1)$	2	2π	4π

根据斯托克斯定理, 这个通量等于向量场的散度沿着球的积分.

因此, 有

$$\int_{\mathbb{R}^n} \operatorname{div} \operatorname{grad} r^{n-2} dx_1 \cdots dx_n = (2-n)\omega(n-1).$$

由此可知, 在 $\mathbb{R}^n$ 中有恒等式

$$\Delta r^{2-n} = (2-n)\omega(n-1)\delta.$$

于是, 在 $n \neq 2$ 的情况下, 方程 $\Delta u = \delta$ 在 $\mathbb{R}^n$ 内有球对称解

$$u = cr^{2-n},$$

其中,

$$c = \frac{1}{(2-n)\omega(n-1)}.$$

这个解称为拉普拉斯方程的基本解.

例: 在三维空间 ($n = 3$) 中基本解为

$$u = \frac{c}{r}, \quad \text{其中 } c = -\frac{1}{4\pi}.$$

这是引力场和静电库仑场的定律.

当 $n = 1$ 时, 基本解 $u = cr$, 其中 $c = 1/2$, 即 $u = |x|/2$.

习题: 求方程 $\Delta u = \delta$ 在欧几里得平面内的基本解.

解: 如果我们是物理学家, 我们会说, 应该将函数 $u = cr^{2-n}$ $(n = 2)$ 理解为 $n = 2 + \varepsilon$ 的前述函数在 $\varepsilon \to 0$ 时的极限.

那就会得到

$$r^{2-n} = e^{(2-n)\ln r} = e^{-\varepsilon \ln r} = 1 - \varepsilon \ln r + o(\varepsilon).$$

常数 1 提供调和函数 $(\Delta u = 0)$, ε 的一次项提供函数 $\ln r$, 其在 $\mathbb{R}^2$ 中当 $r \neq 0$ 时是调和函数.

这样讨论就很容易确信, 基本解的形式应该是 $u = c \ln \frac{1}{r}$ (通过计算这个函数的梯度之散度可以求出常数 c, 这个任务留给读者).

注: 更数学的讨论是作为算子 Δ 在函数空间的特征函数(特征值为0)研究方程 $\Delta u = 0$ (对于 $u = f(r)$)的解.

当然, 上述对 $\mathbb{R}^n$ 的拉普拉斯算子的基本解分析, 为研究相应的场 (引力场和电场) 的势能提供了公式.

这些场 (grad u) 对应于 $n \neq 2$ 以及 $n = 2$ 的特殊情况, 分别有如下形式

$$F \sim r^{1-n} \sim \frac{\overrightarrow{x}}{|x|^n}.$$

在 $n \neq 2$ 的情况下这个算子有两个零特征值和两个特征向量(上面提到过).

但是这个算子依赖于参数n,对于$n=2$,会出现二阶的若尔当块:两个为零的特征值,但只有一个特征方向.

在这种情况下,两个特征向量(对应于$n \neq 2$情况下的算子)张成的平面当$n \to 2$时趋向于一个极限位置.这个极限平面由特征向量和若尔当块的广义特征向量张成.

这个广义特征向量$(\ln r)$我们已经在前面提到的"物理的"解答过程中计算了.

平面上的引力场(或电场)可以由三维空间场得到:质点或电荷排成圆柱(密度$\rho(x,y)$不依赖于垂直坐标z).

换句话说,要计算$\mathbb{R}^3$中均匀直线$x=y=0$上所有点形成的引力,可以先计算该直线上各个点的引力再进行积分得到.

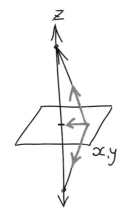

我们将这个简单的计算留给读者,只要考虑到对称质量的净吸引,使用对称性$(x,y,z) \longrightarrow (x,y,-z)$,就很容易计算。

前面讲到的关于欧几里得平面上拉普拉斯算子的基本解,物理学家用关系

式 $r^0 = \ln(1/n)$（不解释数学上的不正确了）给出.

上面描述的"狄拉克 δ-函数"是广义函数的特殊情况，广义函数理论是 1916 年由冈特以"区域函数理论"之名提出的. 这些广义函数不是由其在各个点上的值定义的，而是由其在所有可能区域的积分定义的. 冈特建立这个理论是为了证明流体力学的纳维–斯托克斯方程解的存在性（及唯一性）定理.

冈特曾因自己的"反无产者"贵族理论受到控告. 为了替自己辩护，他为共产党员和共青团员组织了讨论班. 冈特的学生索伯列夫参加了讨论班，他用冈特的方法研究了线性波动方程的广义解（无产者需要非连续的广义解，比如，在地震学中需要）.

索伯列夫的论文被施瓦兹从法文翻译成英文，施瓦兹用这种方法创立了自己的"分布理论"，并因此获得了菲尔兹奖.

1965 年施瓦兹对我说，他因订正了索伯列夫精妙的论文中的一些错误而获得菲尔兹奖. 而我研读了这篇论文，没有发现任何错误，所以请施瓦兹指出错误之处.

施瓦兹回答说："索伯列夫发表成果的语言，没有人懂，发表成果的城市，没有人对科学感兴趣，发表成果的杂志,根本没有人阅读."

尽管我知道索伯列夫在哪里发表的文章,但我没说,我请施瓦兹告诉我索伯列夫发表文章的语言、城市和杂志,他回答: "法语、巴黎、巴黎科学院院刊."

1966 年我回到莫斯科,我在绿城的自由市场附近,从小轿车里拽出来要去买牛奶的索伯列夫,给他讲了施瓦兹的理论.

索伯列夫说: "施瓦兹是个特别神奇的人,他对我们两个都很好,但是他骗了你. 在获得菲尔兹奖的论文中,他不仅翻译了我的文章内容,还加入了他自己的定理,是广义解的傅里叶变换,而这不是我所知的."

阿达马解决了索伯列夫与施瓦兹的工作之间的关联性问题,他来到莫斯科想听听索伯列夫的意见,但他没见到,因为索伯列夫那时在阿尔扎马斯 (萨罗夫) 给库尔恰托夫 (曾任苏联原子弹项目领导人) 当副手. 阿达马就去找柯尔莫哥洛夫咨询,被建议去找两项工作的"真正的作者" ——冈特 (冈特关于区域函数的工作启发柯尔莫哥洛夫得到他的上同调理论).

1930 年左右,狄拉克引入了他的 δ-函数. 他写道,创造物理新理论唯一正确的方法是首先 "忘掉物理观念,那是前人对物理的偏见".

按他的说法, 必须以有意义的数学理论作为开端: "如果理论真漂亮, 今天或明天, 一定会发现它有好的物理应用."

在建立电子自旋理论时, 狄拉克遇到了困难: 物理学家不理解描述相同的 "电子转动" 的自旋为什么可以取两个值 (+1/2 和 −1/2).

本质在于一个重要的拓扑定理: 三维空间的转动群的基础群包括两个元素, 即 $\pi_1(SO(3)) \simeq \mathbb{Z}_2$.

这意味着 360° 的转动不回到对应物理性质的初始状态. 回到初始状态需要继续转动, 直到转角为 720° 而不是 360°.

这个困难的定理不被物理学家理解, 让他们怀疑自旋理论.

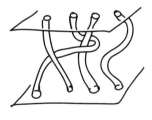

后来狄拉克得到了他的结论 (并非显然) 是用了辫子的数学理论: 他构造了一个 "四根头发的球面辫子", 这是球面辫子群的二阶元. 通常的辫子都是 "平面的", 它们的群是平面上 n

个点 (对应于 n 根头发) 的构型空间的基本群.

在这个平面辫子群中不存在有限阶的元: 在辫子末端接上另一个完全一样的辫子, 我们将无法解开它.

狄拉克在实验中成功地向物理学家展示解开球面辫子 (它的头发连接三个同心球面, 当烧毁中间球面时就解开了).

为了设计这个物理实验, 狄拉克利用了他能理解的椭圆函数的数学理论.

我们在黎曼球面 $\mathbb{C}P^1$ 上挖掉四个 (不同的) 点. 带有这些分叉点的球面的二重覆盖是二维环面 (函数 $y = \sqrt{x^4 + ax^2 + bx}$ 的黎曼表面, 即椭圆曲线). 这决定了四根头发的球面辫子群呈现为椭圆曲线的上同调群 $\mathbb{Z}^2$ 的自同构群.

计算这个自同构群, 狄拉克找到了一个基于四根头发的球面辫子群中的二阶球面辫子.

如果狄拉克不喜欢这些数学, 物理学家就无法得到电子自旋理论.

35 地铁柱面镜的反转

每个人看平面镜中的自己都是：左手在镜子里变成了右手，而其他部分似乎没有改变.

但是看到过曲面镜的人都知道那有多么好笑.

为简单起见，考虑一个柱面镜，物体在镜中是什么样子?

在地铁车厢内有很多柱面镜(垂直杆和水平扶手).这些柱面镜周围的世界很特别. 那是什么样子呢?

提示: 比较容易的办法是考虑一个像源点的反射.柱面镜反射与数学上逆变换密切相关, 也就是, 欧几里得平面(圆心为 O、半径为 r 的固定圆)内每个点 A 变换到"相对这个圆对称"的点 B, 点 B 位于从 O 指向 A 的射

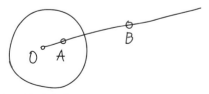

图 1 将 A 变到 B 的逆变换.

线上, 但 B 到 O 的距离大于 A 到圆心的距离:

$$|OA| \cdot |OB| = r^2.$$

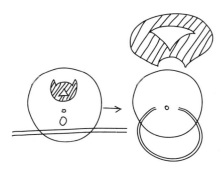

图 2 逆变换将猫移出笼子, 将直线变为曲线.

解: 从 A 引出并与给定圆相交的每条射线, 根据"入射角等于反射角"的规律被圆反射 (见图 3).

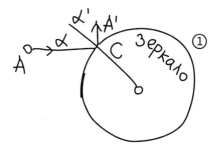

图 3 光线 AC 的反射线 CA' $(\alpha = \alpha')$. ① 镜子.

如果镜子是平面的, 则像源 A 引出的所有射线被反射后, 其延长线都会通过镜子背后的同一个点 A^*. 由此可得射线簇 $\{A^*A'\}$, 这就是为什么我们看到点 A 的像是

镜子后面的点 A^* (见图4).

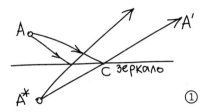

图 4　光线 AC 的反射线 CA', 平面镜后边的 A^* 点.　① 镜子.

　　如果镜子是曲面的, 则射线在不同点反射后, 延长到镜子后面也不会都通过一个公共点.[1] 为了理解这一点, 分析一个例子就够了, 比如, 从同一个无穷远点 A 来的一束平行光被圆形镜子反射.

　　精确计算圆形镜子在不同点反射的光线并不复杂 (只需懂三角学). 但画出这些射线 (见图5) 更简单. 圆弧 CD 和 CD' 的弧长相等 (根据在点 C 的 "入射角等于反射角"). 我们可以快速画出反射线.

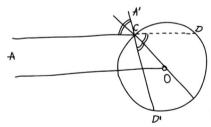

1　唯一的例外是射线平行于抛物线镜子的轴, 反射后汇聚于一点.

图 5　圆反射的光线 CA'.

画出足够接近的反射线就可以得到下图 (见图 6).

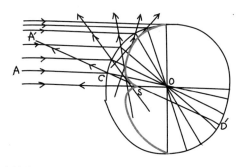

图 6 圆反射的无限远光线形成的光簇及其包络.

得到的单参数的平面直线的反射簇有一条包络线 (图 6 中的粗线). 平行光束反射线簇的直线与同一光束的无限接近的反射线簇的直线相交于这条曲线. 这些直线 (反射线延长线) 与包络线相切. 还可以说, 这是反射线 "焦点" 构成的曲线 (在光学中, 焦点就是无限接近光束的延长线的交点).

反射线簇的包络线称为焦散面 (聚焦) 曲线, 这是因为光束汇聚到包络线上, 此处的能量大于其他位置. 传说阿基米德就是利用镜子组成的系统聚焦太阳光烧毁入侵锡拉库萨的敌船.[2]

不管怎样, 大部分反射线好像是从

2 阿里斯托芬在《云》中认为苏格拉底更早就将焦散面用于商业目的, 他建议其客户在药店买一个透镜, 在开庭期选择一个阳光灿烂的地方, 等竞争对手拿着本票去法庭时, 利用聚焦阳光烧毁本票. 阿里斯托芬指出, 正是这种应用数学导致苏格拉底被其同胞宣判死刑.

焦散面上的点发出, 所以我们的无穷远点 A 的像就好像沿着焦散面的线, 而不是一个点.

然而, 事情还更加复杂, 因为沿着焦散面的亮度是变化的, 有些地方更亮 (这正是阿基米德要利用的).

图 6 的反射线簇焦散面就不是光滑的, 有一个奇点 S (不难计算, 这是半径的中点).

在这个奇点附近, 射线 (延长线) 簇聚焦比其他点更强.[3] 所以, 尽管无穷远的发光点 A 的像沿着焦散面扩散, 奇点 S 特别亮 (而其他点却不会被粗心的观察者发现).

结果是, 实验者观察到点 A 的像不是一条线, 而是唯一的点 S, 即反射线延长到镜子后面的聚焦最强的点.

三角计算 (留给读者) 可以得到这些结论以及稳定性: 例如, 对位于其他位置的光源 A, 也可以得到反射线延长到镜子后面的焦散面奇点, 它被观察者看作点 A 在曲面镜中的像 A^*.

这个 A^* 点以及前述对应无穷远点 A 的 S 点, 都位于一条以镜子中心 O 为起点指向 A 的射线上. 但这个点在圆的相应半径上的位置依赖于 A 到圆心的距

3 可以计算这个奇点是半立方返回点 (在其邻域内焦散面在恰当的曲线坐标系中由方程 $y^2 = x^3$ 确定). 这种奇点是典型的 (对于一般的射线簇) 和稳定的 (在射线簇受小扰动时不会消失), 被苏格拉底和阿基米德使用过.

离 (当这个距离无穷远时, 像点平分半径, 而当点 A 在圆周上时 A^* 蜕化为 A).

图 7 给出了给定距离 $|OA| = XR$ 时如何计算像 A^* 在射线 OA 上的位置.

反射圆的半径为

$$|OR| = |OC| = R.$$

小的圆心角 α 决定了三角形 OCP 的边长:

$$|OP| = R\cos\alpha, \quad |CP| = R\sin\alpha.$$

由直角三角形 ACP 可得小角度 φ 的近似表达式:

$$\tan\varphi = \frac{|CP|}{|AP|} = \frac{R\sin\alpha}{R(X-\cos\alpha)} \sim \frac{\alpha}{X-1}, \varphi \sim \frac{\alpha}{X-1}.$$

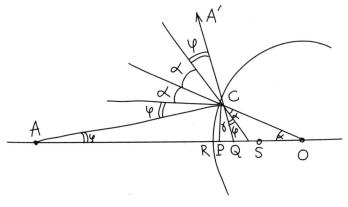

图 7 无限接近的直线 AR 和 AC 在镜子后面的交点.

由直角三角形 OCP 可得角 PCQ 的表达式:

$$\gamma = \frac{\pi}{2} - (\varphi + 2\alpha), \quad 其中 \ \varphi + 2\alpha \sim \frac{2X-1}{X-1}\alpha.$$

由直角三角形 CPQ 可得角 γ 的对边长度表达式:

$$|PQ| = |CP|\tan\gamma = |CP|\frac{\cos(\varphi + 2\alpha)}{\sin(\varphi + 2\alpha)}.$$

上面得到的 $|CP|$ 和 $\varphi + 2\alpha$ 的近似值决定了当 $\alpha \to 0$ 时 P 与 Q 的距离:

$$|PQ| \sim \frac{R\sin\alpha}{\frac{2X-1}{X-1}\alpha} \to R\frac{X-1}{2X-1}.$$

反射点 Q 到半径 OR 中点 S 的距离此时趋近于

$$|QS| = |PS| - |PQ| \to \frac{R}{2} - R\frac{X-1}{2X-1} = \frac{R}{2(2X-1)}.$$

源点 A 到半径 OR 中点 S 的距离为

$$|AS| = |AO| - |SO| = R(X - 1/2) = \frac{2X-1}{2}R.$$

我们可以得出结论: 源点 A 与其反射点 Q 到 S 的距离为如下倒数关系:

$$|QS| \cdot |AS| = R^2/4.$$

由此可得如下 (神奇的) 结论.

观察者在柱面镜中看到周围世界相对更细的圆柱反转, 该细圆柱的半径为柱面镜的一半, 并与柱面镜相

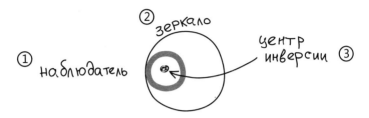

图 8　柱面镜的反射是相对另一个圆 (加粗线) 的逆变换.
① 观察者.　② 镜子.　③ 反转中心.

切 (在平面情况下, 反转是相对于半径为 $R/2$、圆心为 S 的圆).

　　有人可能会以为, 我们在球面镜 (例如地铁车厢内的 扶手) 中可以看到周围物体的反转像.

　　但这是不可能的, 从反转圆 (或圆柱) 相对平面上发射圆 (或空间柱面镜) 的位置描述, 就完全可以看清楚了. 就是说, 反转圆柱是从反射圆柱的轴指向给定方向, 同时由于反射圆柱相对其自转的对称性, 背离转轴的所有方向都享有平等权利, 没有哪个方向是特殊的.

　　事实上, 上述计算表明, 每个光源的反射都是针对一个点光源所描述的反转的应用结果, 只是用于通过反射圆的中心和观察者眼睛的光线上的各个点 (在计算中假设角 φ 很小).

在中心视线上, 点 A, B, C, D 的像 A^*, B^*, C^*, D^* (见图9)确实是反射点的反转, 所以在中心视线附近, 反射近似于反转. 但远离中心视线时, 描述反射的反转圆是转动的, 所以整个反射不会退化为一个反转.

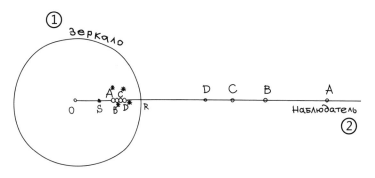

图 9　中心视线上点 A, B, C, D 的像 A^*, B^*, C^*, D^*.
① 镜子.　② 观察者.

附录: 反转的性质

尽管很多读者可能了解这些著名的事实, 我在此还要简短地介绍一下.

定理: 反转将不通过其中心的圆变为圆, 而将通过其中心的圆变为直线 (见图10).

当圆 C 与反转圆相交时 (见图11), 证明第二部分结论是非常简单的.

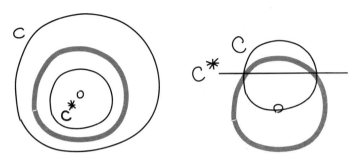

图 10　圆 c 的反转是 c^*, 圆 C 的反转是直线 C^*.

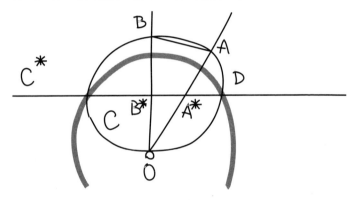

图 11　过反转圆 (加粗线) 中心 O 的圆 C 的反转.

直角三角形 OB^*A^* 和 OAB 相似, 故 $|OB^*|/|OA^*|$ $= |OA|/|OB|$, 于是 $|OA| \cdot |OA^*| = |OB| \cdot |OB^*|$.

在 $A = D$ 的情况下, 可以求得 $|OB| \cdot |OB^*| = R^2$. 这证明圆 C 在反转时与直线 C^* (连接圆 C 与反转圆的两个交点) 重合.

在圆 C 非常小而无法与反转圆相交的情况, 退化为膨胀 (以 O 为中心的相似膨胀). 当圆 C 发生膨胀 (膨胀因子为 a), 则其反转发生以 O 为中心的收缩 (收缩因子为 a).

由于收缩反转是直线, 说明在反转前也是直线(只是不与反转圆相交).

在圆 c 不包含反转圆的中心 O 的情况下, 证明不通过反转圆中心情况的结论特别容易 (见图 12).

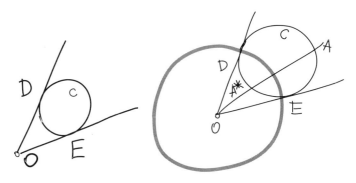

图 12 不包含反转中心 O 的圆 c 的反转.

在这种情况下我们可以从 O 作圆 c 的两条切线. 它们等长: $|OD| = |OE|$. 以 O 为中心使平面相似膨胀 (或收缩), 可让圆 c 变成一个相似的特别的圆, 使得切线长度等于反转圆半径 $|OD| = |OE| = R$ (所以特殊圆将与

反转圆以直角相交于 D 点和 E 点).

根据割线定理, 特殊圆 c 的割线 OA^*A 满足关系式:

$$|OA^*| \cdot |OA| = |OD|^2 = R^2.$$

这意味着, 特殊圆 c 的点 A 和 A^* 在反转时相互交换, 于是特殊圆的像与圆本身重合.

回到被压缩成特殊圆的初始圆, 我们发现, 这个收缩的 (初始) 圆的反转是通过特殊圆相似膨胀得到的. 就是说, c^* 也是圆.

在圆环绕中心 O 的情况下, 定理也是对的. 但我不知道如何像上面那样简单地证明.

注: 特殊圆垂直于反转圆. 在反转时它们都回到自身. 所以它们之间的夹角在反转时保持不变.

似乎反转保持任何两个曲线之间的夹角不变 (精确到符号). 这是显然的, 例如, 从图 13 可以看出, 通过反转中心 O 的圆 C 与反转圆相交于 D (在反转时变为直线 DE).

法线 OD (垂直于反转圆) 和 OB (垂直于反转得到的曲线 C^*) 相交于 O 并形成角 $\alpha = \angle DOB$.

被反转的圆在 D 点和 E 点的切线构成等腰三角形, 因此 $\angle DOM = \angle ODM = \pi/2 - \alpha$.

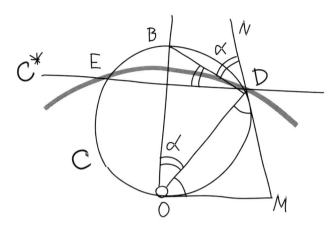

图 13　与反转圆之间夹角保持不变.

反转圆在 D 点的切线 DB 通过被反转的圆 C 的直径 OB 的端点 B, 因此 $\angle BDO$ (切线与反转圆的半径之间的夹角) 为直角.

因此, $\angle BDN$ (反转圆与被反转的圆 C 在它们的交点 D 的切线之间的夹角) 等于垂直于反转圆和反转得到曲线 C^* 的法线之间的夹角 $\angle DOB = \alpha$ (即 $\pi - \pi/2 - (\pi/2 - \alpha) = \alpha$).

于是, 在 D 点被反转的圆与反转得到的曲线之间的夹角, 等于被反转的圆与反转圆之间的夹角.

由此可得, 反转保持了过 D 点所有曲线与反转圆之间的夹角, 即保持过 D 点的任意两条曲线之间的夹角.

显然, 并不保持角度的方向, 类似于通常的反射, 反射改变平面的方向, 从"正"角变为"负"角 (大小不变).

我们的讨论证明了在反转圆的点上保角 (不保方向). 但是平面上任何点 (不是 O 点) 都可以通过上述以 O 为中心的相似膨胀变到这个圆周上.

相似膨胀保角, 所以通过这样膨胀或收缩, 由上面已证明过的在反转圆上点的保角, 我们就得到在任意曲线的任意点 (不同于反转中心 O) 的保角.

这种变换称为保角变换. 因此, 反转是改变方向的平面 (除去 O 点) 的保角变换.

习题: 设 $f : \mathbb{C} \to \mathbb{C}$ 是任意多项式, 是具有笛卡儿直角坐标的欧几里得平面 $\mathbb{C} \approx \mathbb{R}^2$ 的自映射 (每个点 $z = x + iy$ 的坐标为 (x, y)).

试证明该映射 (在多项式 f 的任意非临界点, 即 f 的导数不为零的点) 是保角的.

解: 从线性多项式开始考虑, 利用泰勒公式将任意映射降阶为其 (线性) 微分.

反转在此表达下为

$$f(z) = \frac{1}{\bar{z}},$$

其中 $\bar{z} = x - iy$, 保角性由其可微性得到:

$$\frac{d(1/z)}{dz} = -\frac{1}{z^2}.$$

习题: 将 $z \in \mathbb{C}$ 变为 z^2 的映射是在平面上所有点都保角吗?

解: 复平面 $\mathbb{C} = \{z\}$ 的实轴 $\{y = 0\}$ 和虚轴 $\{x = 0\}$ 是垂直的直线, 它们被映射到大小为 z^2 的正的和负的半直线, 它们不再垂直.

这种保角性的破坏强烈扭曲了图中的形状(见图14).

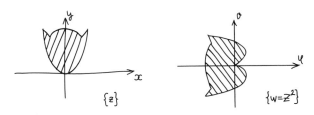

图 14 在非保角变换下, 光滑的猫下巴变得不光滑了.

一种反转是保角的, 反转的图形看起来更像原来的.

习题: 反转变换(各种反转圆)构成一个群吗?

解: 任何反转都改变方向, 而平面只有两个方向. 所以, 两个反转的乘积(保持平面的方向不变)不能构成一个反转.

保方向的反转乘积(偶数次乘积)就构成了一个群.

这是一个线性分数变换

$$f(z) = \frac{az + b}{cz + d}$$

的群, 是罗巴切夫斯基几何(双曲几何)的基础(其中含实数 a, b, c, d 且 $ad - bc = 1$ 的 f 构成庞加莱模型的运动群).

在这个平面罗巴切夫斯基模型中, 上半平面 $\text{Im } z > 0$, 对比上面讨论的凯莱–克莱因圆模型, 承担直线角色的, 并不都是欧几里得直线, 而是与绝对 $\text{Im } z = 0$ (见图 15) 垂直的直线和圆.

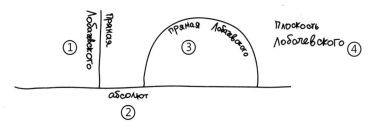

图 15 ①,③ 罗巴切夫斯基(双曲)线. ② 绝对. ④ 罗巴切夫斯基(双曲)平面.

庞加莱模型有著名的性质: 该模型中罗巴切夫斯基(双曲)角等于上半平面相应曲线之间的欧几里得角.

更令人吃惊的是, 这两个模型(庞加莱和凯莱–克莱因)是等价的: 它们是同一个罗巴切夫斯基(双曲)平面的完全不同的图.

习题: 试求单位圆内上半平面的微分同胚映射, 将庞加莱模型映射到凯莱–克莱因模型.

㊱ 绝热不变量

绝热不变量理论是物理学理论中最神奇的,在数学上很容易检验其形式上是自相矛盾的.

尽管这个理论有这个让人不舒服的特点,还是让不怕使用其结论(虽然在数学上无法证明)的人们收获了重要的物理发现.

经过 200 年的科学发展,数学家和物理学家终于达成了共识: 数学家在某些 (精确指定的) 假设下证明了"绝热不变量守恒定理".

关于存在减弱这些假设的可能性的猜想,也或多或少需要用严格的数学表达(有待证明).

现在的尝试仅仅是做了几个例子,而针对已证明的绝热不变量定理,尚未完全彻底解决(参见《常微分方程理论》[1]附加章节 §20).

下面我们讨论关于状态空间 M 中的点 x 的变系数常微分方程:

$$(1) \qquad \frac{dx}{dt} = v(x, t), \quad x \in M.$$

---

1 英文译者注: V. I. Arnold, *Geometrical Methods in the Theory of Ordinary Differential Equations* (Springer-Verlag, New York–Heidelberg–Berlin, 1983) (英文译本).

假设 $I(x,t)$ 不是方程 (1) 精确的初积分, 但在 $x(t)$ 有很大变化时 $I(x,t)$ 变化很小, 在时间 t 快速变化时方程 (1) 右端的变化 "足够" 慢, 则称 $I(x,t)$ 为绝热不变量.

为了在数学上准确定义这里需要的 "慢", 我们将非自治系统 (1) 代以一簇含参数 λ (范围为流形 Λ) 的动力系统 (相同的状态空间),

$$\frac{dx}{dt} = v(x,\lambda), \quad x \in M, \quad \lambda \in \Lambda.$$

系统变化慢的条件可以用参数 λ 随时间变化来表达:

$$\lambda = f(t).$$

为了使参数 λ 随时间变化的速度很小, 我们同时考虑 "快时间" t 和 "慢时间" $\tau = \varepsilon t$ (ε 是趋向于 0 的小参数).

假设参数 λ 随慢时间变化

$$\lambda = f(t) = F(\tau), \quad \tau = \varepsilon t,$$

其中 F 是随慢时间变化的确定函数.

若差值

$$|I(x(0), \lambda(0)) - I(x(t), \lambda(t))| < \kappa$$

当 $0 \leqslant \tau \leqslant 1$ 时为小量, 则可以确定 $I(x,\lambda)$ 的绝热不变性. 也就是说, 在快时间的很大区间 $0 \leqslant t \leqslant 1/\varepsilon$ 内 (相点的变化距离为 $|x(t) - x(0)| \sim 1$) 参数变化足够慢:

$$\lambda = F(\varepsilon t),$$

其中 ε 足够小 ($\varepsilon < \varepsilon_0(x)$).

问题的困难在于所描述的参数变化速度为小量 $\varepsilon < \varepsilon_0(x)$ (尽管确实需要) 并不总能保证 I (物理学家坚持称其为"绝热不变量") 在 $1/\varepsilon$ 这样长的时间内变化为小量.

现在的出路是, 如果随慢时间变化的参数 F 是足够光滑的函数 (例如, $F \in C^2$), 则在很多情况下 I 的变化是小量. 光滑性的作用在于代替"缺乏信息"的物理意义.

物理学家说: "改变参数 λ 在时间 t 处数值的人不应该有 $x(t)$ 在相空间位置的任何信息."

数学家很难精确定义"缺乏信息", 但似乎可以用函数 F 的光滑性来代替. 如果没有这种足够的光滑性, 则选择 λ 对时间依赖性的必要间断或跳跃, 使得 I 产生很大变化, 但光滑性不允许出现这种反例.

给出绝热不变性充分条件的其他尝试为, 虽然 $I(x,t)$ 在长时间 $t \sim 1/\varepsilon$ 的变化可能不小, 但很大变化也很少见 (只发生在相空间所研究轨迹 $\{x(t)\}$ 的小概率初值 $x(0)$ 的小测度集中).

下面我使用的术语"绝热不变量"是在上述含义下, 函数 F 光滑, 由此可知, 在任意初始条件下, 在时间 $1/\varepsilon$ 内, I 沿着所研究轨迹的变化都很小.

例 1: 数学摆的小振动方程.

我们研究方程

(2) $$\frac{d^2x}{dt^2} = -\lambda x, \quad \lambda > 0.$$

对于取固定值的 λ, 根据能量

$$H(p, q; \lambda) = \frac{p^2}{2} + \lambda \frac{q^2}{2}$$

守恒 (其中 $p = dx/dt$, $q = t$, H 为系统 (2) 的哈密顿函数, $\dot{q} = \partial H/\partial p$, $\dot{p} = -\partial H/\partial p$), 相曲线为椭圆

$$\frac{p^2}{2} + \lambda \frac{q^2}{2} = E.$$

对于常值 $\lambda = \omega^2$, 方程 (2) 的解为简谐振动

$$q = a\sin(\omega t), \quad p = \omega a\cos(\omega t).$$

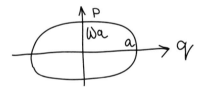

这个椭圆相曲线围成 (在以 (q, p) 为坐标的辛平面上) 的面积为 $S = \pi a \cdot (\omega a) = \omega \cdot (\pi a^2)$. 该振动的振幅 a 与能量 $E = \omega^2 a^2$ 有 "普朗克关系式"

$$E = \frac{\omega}{\pi} S.$$

于是, 相面积

$$I(p, q; \omega) = \frac{\pi H(p, q)}{\omega} = \pi a^2 \omega$$

是系统 (2) 的绝热不变量.

这个乘积不变性意味着, 例如, 数学摆的长度 l ($\omega^2 = \lambda = l/g$) 慢慢地增大到 2 倍, 即 ω 增大到 $\sqrt{2}$ 倍, 则 a^2 就要减少 $\sqrt{2}$ 倍.

换句话说, 当摆长慢慢加倍, 最大摆角就减少 $\sqrt[4]{2}$ 倍. 摆长回到初始值时振幅也回到初始值.

关于这个定理, 令人惊奇的是, 这个结果完全不依赖于摆长以什么规律增加, 只需要变化规律函数 $\lambda = F(\varepsilon t)$ 是光滑的.

因此, 在 "绝热极限" 中, 两个物理上独立的量 (a 和 l) 变为函数相关的. 这个非同寻常的物理现象可以看出绝热理论与很多其他理论的不同.

作用量 $S(p, q; \lambda)$ 的绝热不变性定理的证明参见《经典力学的数学方法》[2] (单自由度哈密顿系统) 以及《常微分方程理论的几何方法》. 这里的作用量 $S(p, q; \lambda)$ 是用相空间初始点和参数 λ 表示的相曲线围成的面积

2 英文译者注: V. I. Arnold, *Mathematical Methods of Classical Mechanics*, 2nd ed. (Springer, New York, 1989) (英文译本).

$$S(p, q; \lambda) = \iint\limits_{H(P,Q) \leqslant H(p,q)} dPdQ.$$

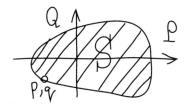

下面的一些例子属于完全类似的情况 (可以用相同的方式证明绝热不变性) —— 可以从哈密顿系统的哈密顿函数 $H(p, q; \lambda)$ 做适当推广, 例如, 用撞击刚性墙代替势力场.

例2: 台球在相距 x 的平行墙之间运动, 速度为 v, 假设碰撞时刻台球相对墙的速度反向.

在这种情况下绝热不变量为 $I = x|v|$ (正比于固定参数 λ 对应的相曲线围成的面积). 这里的绝热不变性意味着 $I = x|v|$ (在量级为 $1/\varepsilon$ 的很长时间内) 变化非常小.

换句话说, 当两墙之间的距离加倍, 台球速度减半 (在时间 $t \sim 1/\varepsilon$ 内无论墙间距离以何种光滑函数 $x = F(\varepsilon t)$ 变化).

增加墙间距离导致在其间反复碰撞的台球速度降低, 这是可以理解的, 但是 $I = x|v|$ 的绝热不变性理论给

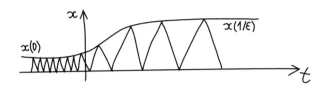

出了这种降低的精确的描述.

注: 尽管这个理论只能用于 $t \sim 1/\varepsilon$, 在墙间距离 $x = F(\tau), \tau = \varepsilon t$ 是解析函数的情况下, 我们可以研究绝热不变量在无限时间内的增量

$$I(x(+\infty), |v(+\infty)|) - I(x(-\infty), |v(-\infty)|).$$

这个增量 (当 $\varepsilon \to 0$ 时指数衰减) 的描述可以通过研究全纯函数 F 在复平面上点 τ 的行为获得 (参见 A. M. Dekhne, Zh. Eksp. Teor. Fiz., 38, No. 2, 1960, 570 – 578).

例 3: 在三维欧几里得空间有磁场 B 和以速度 v 运动的带电粒子, 用 $v_\perp$ 表示垂直 B 的速度分量.

这里的磁场是定常的, 粒子绕磁力线作拉莫尔螺旋运动, 粒子到磁力线的固定距离为 r (称为拉莫尔半径, 依赖于向量 B 和轨迹初始点的速度).

在这种情况下 $v_\perp^2/|B|$ 为绝热不变量.

我们可以将绝热极限理解为 $|v| \to 0$ 或者 $|B| \to \infty$

的极限(主要是让拉莫尔半径趋向于零). 对于光滑磁场 B, 可以证明上面的绝热不变量在很长时间内不变.

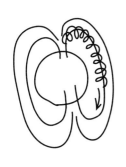

特别地, 利用这个可以解释极光: 充电粒子绕地球磁极附近磁力线螺旋运动到磁场强度 $|B|$ 大的区域. 绝热不变量守恒在这种情况下导致运动粒子从磁力线 "插座" 反射, 沿着 (不同的) 磁力线返回到另一极 (用时为微秒量级).

待反射粒子聚集在 "插座" 附近, 这些充电粒子 "云" 就是观测到的极光.

这种情况的精确数学描述特别长, 我不想在此给出. 相比之下, 相同理论的以下版本比较容易精确描述.

例 4: 考虑在固定黎曼测度光滑曲面上的定常测地曲率 κ 的曲线.

在 M 为欧几里得平面的情况下, 曲线为圆 (当 $\kappa > 0$), 半径为 $r = 1/\kappa$. 如果测地曲率沿着曲线变化 ($\kappa = B(x), x \in M$), 则函数 $B : M \to \mathbb{R}$ 为平面 M 上的 "拉莫尔圆", 即沿着中心在 M 上运动的变半径 "拉莫尔圆" 的螺旋运动.

物理上可以称这个运动为带电粒子在 M 内运动(磁场 B 垂直于 M).

当拉莫尔圆的半径很小时 (物理学家可以研究强磁场 $B \to \infty$ 或者初始速度 $|v| = |dx/dt|$ 很小的情况), 这个运动可以绝热描述.

如果函数 B 光滑, 则绝热不变量就是相应的变半径拉莫尔圆的测地曲率 (按物理的说法就是 $|v|^2/|B|$).

特别地, 测地曲率很大, 曲面 M 上测地曲率大且随点改变的曲线在非定常函数 B 的两条相邻等高线之间振荡.

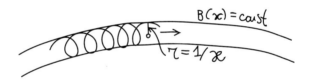

如果函数 B 是定常的, 则相应的测地曲率 κ 很大的拉莫尔圆也在绝热不变量的相邻等高线之间振荡, 只是需要用高斯曲率 $G : M \to \mathbb{R}$ 代替函数 $B : M \to \mathbb{R}$.

这两个理论的差别在于, 在拉莫尔半径趋近于零时, 拉莫尔圆中心沿着绝热不变量相邻等高线之间圆环运动速度是不同量级的 (当 $B \neq \text{const}$ 时这个速度非常大).

在两种情况下绝热不变量不仅在 $|\varepsilon|$ 时间内变化很小, 在无限长时间内也变化不大 (由 "KAM 理论" 可知).

我们回到例 1 中摆的问题, 可以发现, 反映能量与频率的比例关系的绝热不变性似乎与摆动可能性矛盾: 即使摆角任意小, 当等效摆长 l 变化时, 在参数共振情况下 (当 l 的变化周期是无扰摆动半周期的整数倍时), 最低平衡位置变为不稳定.

这个发现对于能量与频率比例关系的绝热不变性来说是一个 "反例", 因为慢摆动的频率要回到无扰动值, 但这段时间摆角却在增大.

但实际上这里没有矛盾, 为了增加摆角, 需要 "反馈", 即必须知道给定时刻摆动的被观察相位上参数 l 增大或减小.

在绝热不变量定理中作用量 $S(p, q; \lambda)$ 给定的参数 $\lambda = F(\varepsilon t)$ 的变化规律 F 的光滑性排除了这种反馈的可能性. 但如果没有这种光滑性, 就可能出现对绝热不变性物理陈述的数学反例.

绝热不变量理论的进一步推广可参见《常微分方程理论几何方法》的 §20, 其中列出了很多参考文献.

河流长度阿克指数的普遍性

关于河流的百科全书文章给出了河流长度 l 和流域面积 S. 试问这两个数值之间的关系.

解: 如果河流流域是一个圆, 圆心位于直线河流的中点, 则有 $l = cS^{1/2}$ (也可以根据量纲这样猜测).

根据美国的数据, 统计 (大量河流、大河、小河、山区河流、平原河流) 表明, 大多数情况的河流长度 $l = cS^{\alpha}$, 其中 $\alpha \approx 0.58$ (阿克指数).

半数以上的阿克指数可以用河流的分形迂曲度解释, 因为河流的长度大于流域的直径.

为什么指数 α 是具有普遍性的, 而且还那么精确? 这还不清楚 (尽管尝试过用流体力学的纳维–斯托克斯方程推导, 其解的不稳定性导致河流弯曲). 下表给出了莫斯科区域 12 条河流的数据.

这 12 个指数的平均值为 0.63.

河流	长度 (km)	面积 (km^2)	$\alpha = \ln l / \ln S$
莫斯科河	502	17640	0.64
普罗特瓦河	275	4640	0.66
沃利亚河	99	1160	0.65
杜布纳河	165	5474	0.56
伊斯特拉河	112	2120	0.61
娜拉河	156	2170	0.65
帕赫拉河	129	2720	0.62
斯霍德尼亚河	47	259	0.69
沃尔谷莎河	40	265	0.60
佩霍尔卡河	42	513	0.59
谢通河	38	187	0.69
亚乌查河	41	452	0.59

舒霍夫塔，
索伯列夫方程，
自旋稳定火箭
贮箱中的共振

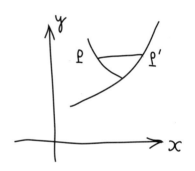

1958 年我在做希尔伯特第 13 问题时，研究平面曲线给定的函数，它可以表示为两个仅依赖于一个坐标的函数之和：

$$u(P) = f(x) + g(y).$$

当这个曲线为树形时，我的研究很成功. 例如，我们在曲线上选一个点 P，就可以将已知的 $u(P)$ 分解为任意

两部分的和 $f(x) + g(y)$. 那么在点 P' 我们知道 g, 就可以求出 f, 因为已知它们之和.

看起来任意树形曲线都可以放到 $\mathbb{R}^3$ 中, 使得任意连续函数 u 可以用类似的方法表示为三个连续函数之和, 这三个函数分别仅依赖于一个坐标:

$$u(P) = f(x) + g(y) + h(z).$$

解决了希尔伯特问题后, 我想推广已经证明的定理, 用任意曲线代替树形曲线. 如果曲线(在平面内)是周期的, 则会出现动力系统 $P \to Q \to R \to S \to \cdots$.

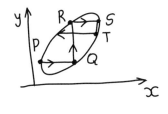

似乎需要表达的存在性依赖于这个动力系统的性质(周期自映射): 如果这个动力系统有周期轨迹, 则表达不总是存在; 如果没有周期轨迹, 则依赖于被分解函数 u 的光滑性以及给定曲线上丢番图问题的性质.

证明了这个领域的十几个定理(等价于研究波动方程的狄利克雷问题)之后, 我写了一篇论文. 审稿人指出, 索伯列夫的学生(亚历山德拉和瓦哈尼亚)在我之前就研究过这个问题了, 甚至索伯列夫本人也研究过 (但是他

的工作至今还处于保密状态, 他用自己的定理去研究充
液自旋稳定导弹).

索伯列夫给我介绍了哪些是已知的, 哪些是未知的.
我在这里简单叙述一下.

很早以前柯西就研究过凸曲面的刚性. 例如, 凸的
鸡蛋的薄壳稳定保持其形状直到破碎. 但一旦沿着即使
非常短的圆弧破坏了完整性, 非平凡变形就成为可能.

飞机和火箭的边缘曲面是非凸的, 例如, 翅膀安装
在机身上需要双曲过渡区. 所以双曲情况的刚性问题在
实践中非常重要.

最简单的模型就是波动方程的狄利克雷问题 (及其
多维推广):

$$\frac{\partial^2 u}{\partial x \partial y} = 0, \quad u(x, y) = f(x) + g(y).$$

索伯列夫的相关工作成果 (1943 年) 是保密的, 但他
推广了该成果的文章发表了, 即索伯列夫方程. 他促成
了我获准去力学研究所的保密部门看双曲表面刚性的
实验.

那是看起来像贮箱的圆柱曲面, 我看见数百个各种
尺寸的薄壁双曲柱, 其中有一些在压力下保持了形状, 还

有一些在手里拿着就开始"呼吸" (尽管有 1% ～ 2% 的不同, 但肉眼看不出来).

下面谈谈非常重要的共振. 从底下的 P 点引一条渐近线 PQ (如果是类似于在沙博罗弗卡的舒霍夫塔的双曲面, 则渐近线是直线段, 在舒霍夫塔上是钢制的).

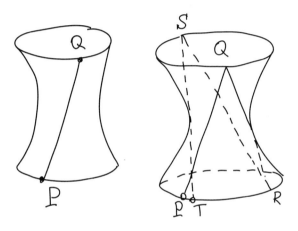

从柱顶的 Q 点沿着第二条渐近线回到柱底 (R 点). 这样从柱底到柱底的自映射 $P \rightarrow R$ 可能有一个周期点 $T = P$ (对于舒霍夫塔, 其支撑杆形成了封闭折线 $PQRST$). 这种"共振"会导致不稳定性 (因为上述连接特性, 表面会在折线的小邻域内弯曲).

研究这种不稳定性很像我做过的波动方程狄利克

雷问题, 以及我那时正在研究的行星共振问题 (为了研究太阳系的稳定性, 共振是危险的, 导致土星环的缝隙, 类似康托尔集的补集区间).

索伯列夫研究火箭薄壁容器内液体与火箭结构特征频率的共振, 促使拉比诺维奇向科罗廖夫提出避免共振 (燃料贮箱内设置必要的阻挡结构) 的建议, 火箭不再受损害.

在那以后很多年了, 我甚至收到美国来信, 责备我对索伯列夫的赞扬不公平 (关于索伯列夫方程的工作).

正是美国物理学家 (出生在莫斯科) 告诉我, 索伯列夫方程早在 1910 年就被一位数学家发表了, 用了与索伯列夫相同的方法, 还得到了很多有趣的结果: 他写出这个方程不是为了研究旋转火箭贮箱内燃料晃动, 而是为了研究木星 (几百年的气旋形成了红斑) 大气的气象特性, 木星转动是基本事实之一.

这不奇怪, 庞加莱研究过这个方程.

为了建立自己的理论, 索伯列夫推广了希尔伯特的函数空间: L_2 空间. 在他的推广中, 厄米型不再像希尔伯特情况那样是正定的, 而是相对的, 类似洛伦兹度规, 是不同符号的二次型.

第二次世界大战中,索伯列夫在研究这个问题时,被疏散到喀山,他去找同样从莫斯科被疏散过来的邻居帮忙讨论问题. 邻居发现一个问题: "为什么这像是个荒谬的公理——二次型有不同符号. 需要立即考虑任意有限数!"

当邻居将自己对希尔伯特空间的这个推广写成论文时,他邀请索伯列夫对他的工作做个确切的评论,列入参考文献. 但是索伯列夫回答: "这项工作在任何情况下都不能发表,这是绝密."

他给我讲这些时,已经是解密之后了,现在我才可以讲他的这些事. 但是那个时期,做了推广工作的邻居发表文章(没有任何参考文献是索伯列夫的)之后,索伯列夫空间被称为 Π-空间,即被冠以庞特里亚金[1]之名.

尽管这些研究已成为经典,我还想提一个本领域的问题,在 20 世纪 50 年代后期,我想研究但据我所知至今没有答案.

考虑三维欧几里得空间中环面的任意一个光滑嵌入 $T^2 \subset \mathbb{R}^3$.如果任意接近的(保距)嵌入都可以通过欧几里得空间微小的运动得到,这个嵌入称为刚性的.

1 英文译者注: 在俄文中,庞特里亚金的首字母即是 Π.

问题是: 是否存在非刚性嵌入 (刚性与非刚性, 哪种嵌入更多)?

我听说旋转环面 (在两个与之相切的平行平面之间) 的标准嵌入的刚性被证明了.

但这无法排除其他嵌入的非刚性 (例如, 打结的): 据我所知, 这个问题甚至对无限小变形也还没有解决.

刚体的转动和流体动力学

在 18 世纪航海者遇到了确定自己在地图上位置的难题: 导航需要测量恒星此刻在天球上的坐标, 这些测量值只能在此时此刻使用.

在那个年代, 时间信号还不是通过收音机广播的, 时间信息保存在精密时计之中. 但是在长期航行中精密时计会变得不准确. 需要计算的因素有很多, 例如, 船身滚转、地球自转、重力场的变化 (影响摆的固有频率) 以及气候条件 (热带高温使摆长增加, 而严寒使摆长缩短).

因此, 英国海军为精准确定时间设立了大奖. 欧拉想到了一个精巧的方法解决这个问题: 用月球当钟表.

那时人们还尝试过用木星的四个卫星 (由伽利略发现的) 计时. 但这要有很好的卫星非简单运动的理论, 好的望远镜, 因为这个钟表的"刻度盘"太小了, 木星很远, 其卫星也不是总能看得见.

月球很近, 便于观测, 为了解决问题, 只需构建关于月球相对其重心的小幅振动的足够精确的理论(计算地球绕太阳和月球绕地球的复杂轨道运动中主要来自地球和太阳的摄动).

这就是欧拉决定建立的理论. 1765年,欧拉发表了一篇著名论文,不仅研究了月球,还研究了任意刚体绕其重心的运动,首先是惯性运动,而后是其他天体摄动影响.

欧拉的研究成果中最重要的,首先是任意刚体绕其重心惯性运动的通解.这个问题结果是"哈密顿系统的完全可积",欧拉找到了所需的全部首次积分.

从他的结果还可以得出,例如,存在绕三个惯性主轴的刚体永久转动,绕最大和最小惯性主轴的永久转动稳定,而绕中间惯性主轴的永久转动不稳定.

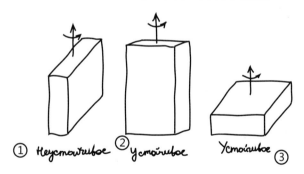

① Неустойчивое ② Устойчивое Устойчивое ③

①不稳定. ②,③稳定.

这就意味着, 抛出的火柴盒可以保持绕长轴和短轴的转动, 但绕中间轴的转动将变成乱翻筋斗(我曾经在课堂上给学生演示过, 最好是用捆紧的书, 而不是一块砖, 在六个面上涂不同颜色, 不稳定可以立刻看出来).

在拓扑学上, 导致这种区别的原因是以坐标原点为中心的球面与惯性椭球的交线的行为不同.

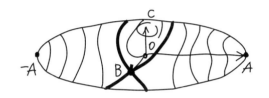

惯性椭球长轴的 A 端, 到椭球中心的距离最大, 到中心距离小于 $|OA|$ 的交线是椭球面上绕 A 的封闭曲线. 在小扰动下转动轴偏离 OA 方向, 相应的向量从 OA 转向点 A 附近的一条封闭曲线, 开始在 OA 附近小幅振动, 运动尽管不再是永久转动, 但还是在附近.

完全类似地, 惯性椭球短轴的 C 端, 到椭球中心的距离最小, 到中心距离大于 $|OC|$ 的交线是椭球面上 C 点附近的封闭曲线. 相应的受扰转动接近永久转动.

相反的情况是, 在中间轴端点 B 附近, 到椭球中心的距离函数有鞍点, 距离正好等于 $|OB|$ 的等高线有两个圆

(相交于 B 点),而距离接近 $|OB|$ 的等高线有两条远离 B 点的封闭曲线 (甚至完全达到中间轴的另一端 $-B$). 绕 OB 轴的永久转动在受扰时完全不像这类转动,其结果甚至可能翻倒,直至倒立.

现在,月球"安全地"小幅振动,几乎总是保持以相同的一面指向地球,仅仅是轻微地在这个"钟摆"位置附近振动.相反地,人造地球卫星可以发生欧拉描述的所有可能运动,这取决于如何进行控制,因此欧拉的理论是现在计算如何控制卫星的基础.

欧拉的理论可以准确分析月球相对其正常位置的振动,因此观察月球的振动就可以用作钟表的指针并得知观测时刻.

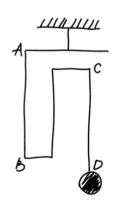

然而,英国海军没有奖励欧拉,却把奖给了钟表匠,他用完全不同的方式解决了计时的问题.他建议将钟摆 AD 用三连杆 $ABCD$ 支撑.

杆 AB 和 CD 的热膨胀系数是其连接杆 BC 的一半.于是,杆 AB 和 CD 的热膨胀导致摆锤 D 降低,而连接杆 BC 的热膨胀导致摆锤 D 升高,两者相抵,摆动周期不变.精密时计对温度变化不敏感!

在 1965 年,欧拉关于月球转动的论文发表 200 年之际,我发现欧拉的研究成果远远多于他告诉我们的. 他的所有理论几乎无须任何改变就可以用于研究具有左(右)不变黎曼测度的李群流形的测地线.

对于三维欧几里得空间的转动群 $SO(3)$, 这些测地线就给出了欧拉研究的刚体相对重心转动.但欧拉的理论可以应用于其他群,他给出的结果并不是显然的.

举一个简单的例子,直线的二维仿射变换群: $x| \to ax + b$.假设变换是保方向的 $(a > 0)$,我们可确认这是一个半平面群 $\{a, b : a > 0\}$.这种情况下,欧拉左不变测度

$$ds^2 = \frac{da^2 + db^2}{a^2}$$

准确给出双曲几何的庞加莱模型,欧拉理论变为双曲几何学.在这种情况下,扮演欧拉永久转动角色的是欧几里得半平面 $a > 0$ 上的直线和圆,其笛卡儿坐标为 (a, b),垂直于"绝对"直线 $a = 0$.

欧拉刚体转动理论的更丰富应用例子是流形 M 的"不可压"微分同胚映射群 SDiff M (即微分同胚映射 $M \to M$ 保持 M 的体积元 τ 不变). 右不变测度在该群上的测

地线是流形 M 上不可压流体的 (欧拉) 流动.

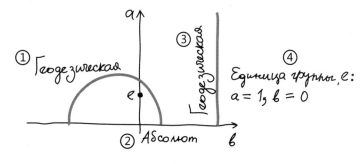

①,③ 测地线. ② 绝对. ④ 群的单位.

欧拉刚体永久转动稳定性理论在这种情况下变为二维不可压流动 (速度分布曲线无拐点) 稳定性瑞利定理的推广.

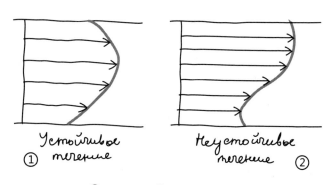

① 稳定流. ② 不稳定流.

而速度分布曲线有拐点类似于刚体绕中间轴永久转动.欧拉关于稳定性的一般定理同样适用于两种情况,但将三维群 $SO(3)$ 变为无限维群 SDiff M,欧拉定理变为广义瑞利定理.

流形上测地线的稳定性受该流形的"沿二维方向的截面曲率"影响很大.负曲率导致测地线随着时间指数发散(相近的初始条件).欧拉理论可以计算(左或右不变测度群的)截面曲率.

通过表面不可压微分同胚映射群的这些计算,我得到很多负曲率的二维方向.例如,应用这些估算到沿着环面的二维流体动力学(以及信风类流动),我惊讶地发现,在一个月量级的时间周期内初始速度场的微小扰动会增大近似 10^5 倍(从 1 km 宽度的雷雨到行星天气的改变).

这意味着,无论计算机以及计算方法多么好,记录初始天气条件的气象传感器如何改进,超过一周的天气预报是不可能的.事实上,每立方千米内初始速度的微弱改变(即使附近几十个相邻立方千米的平均速度不变),我们用这个新初始条件计算,传感器测量数据不变,仿真计算中原本该两周后到达新奥尔良的台风却到了孟买.

令人吃惊的是, 欧拉的思想和基础理论的推广应用在他自己的陈述中只限于第一种情况 (群 $SO(3)$), 而进一步的推广前不久才被发现.

中英文人名索引

图字: 01-2017-8780号

ZIRAN @ SHUXUE

自然@数学

图书在版编目 (CIP) 数据

自然 @ 数学 / (俄罗斯) 阿诺尔德 (V. I. Arnold)
著；李俊峰等译. -- 北京：高等教育出版社，2021.5
书名原文：Mathematical Understanding of Nature:
Essays on Amazing Physical Phenomena and Their
Understanding by Mathematicians
ISBN 978-7-04-055276-8

Ⅰ. ①自… Ⅱ. ①阿… ②李… Ⅲ. ①科学哲学—研
究 Ⅳ. ① N02

中国版本图书馆 CIP 数据核字 (2020) 第 218000 号

本书如有缺页、倒页、脱页等质量问题，
请到所购图书销售部门联系调换

版权所有　侵权必究

物 料 号　55276-00

出版发行　高等教育出版社
社　　址　北京市西城区德外大街 4 号
邮 政 编 码　100120
印　　刷　北京盛通印刷股份有限公司
开　　本　850mm×1168mm　1/32
印　　张　5.75
字　　数　86 千字
购书热线　010-58581118
咨询电话　400-810-0598
网　　址　http://www.hep.edu.cn
　　　　　http://www.hep.com.cn
网上订购　http://www.hepmall.com.cn
　　　　　http://www.hepmall.com
　　　　　http://www.hepmall.cn
版　　次　2021 年 5 月第 1 版
印　　次　2021 年 5 月第 1 次印刷
定　　价　49.00 元

策划编辑　李华英
责任编辑　李华英
书籍设计　张申申
责任校对　马鑫蕊
责任印制　赵义民

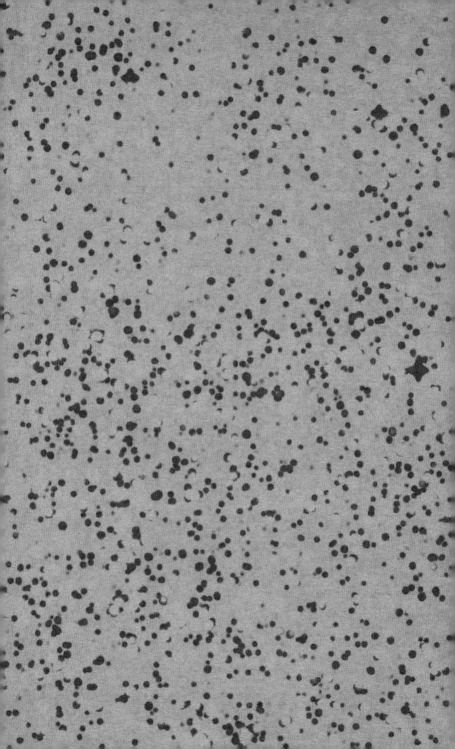

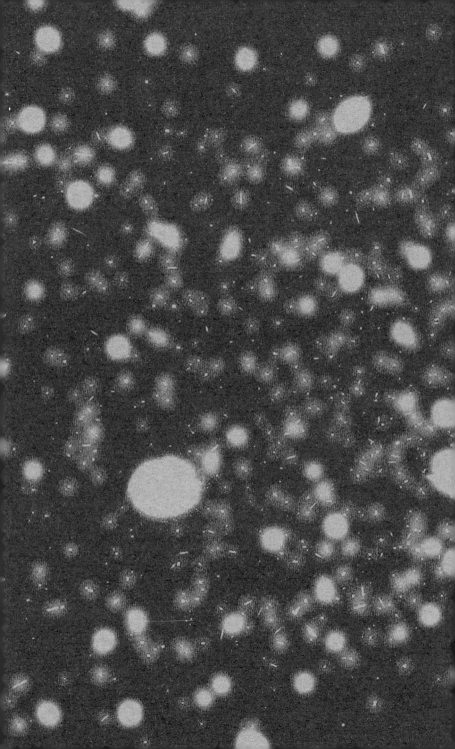